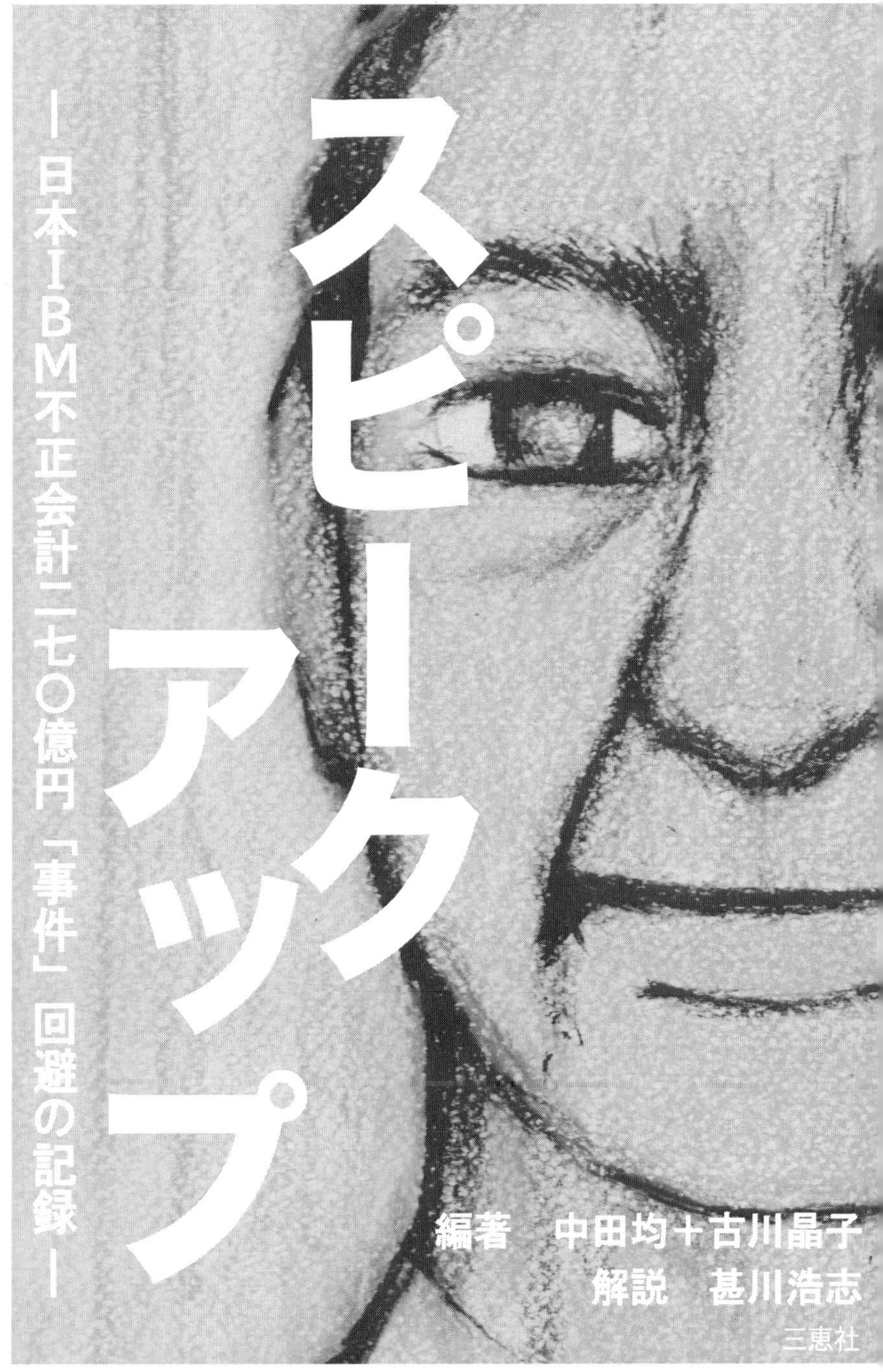

# スピークアップ

―日本IBM不正会計二七〇億円「事件」回避の記録―

編著　中田均＋古川晶子
解説　甚川浩志

三恵社

# 目次

イラスト　ｃｏｃｏａｒｏ

# はじめに

二〇〇五年二月、情報技術（ＩＴ）業界のトップ企業の一つである日本ＩＢＭが前代未聞の発表を行った。一部従業員による社内規程違反により、二七〇億円という高額な売上高の減額報告を、米証券取引委員会（ＳＥＣ）に届け出たのだ。

修正は最終決算報告前であり、また、ＳＥＣより指摘される前であったため、不法行為にはならなかったが、コンプライアンス（法令順守）の観点から、危機一髪の状況であった。その結果、同社では解雇を含め、降格処分、出勤停止等々、多数の社員が処分を受けた。当事件にからみ、金融事業担当、管理担当、営業管理担当の三人の役員が退任を余儀なくされたと噂され、その中の一人は社長候補とも言われていた。

本書は、当時、ＩＢＭ社員であった私が、この件にどう関わり、何を考え、何を信条とし、何のために行動したか、舞台装置の大きさをどのように設定し、会社にコンプライアンス違反をさせないように、どう誘導していったかを、当事者の立場から述べたものである。ただし、この行為が実際どこまで効果的であったかについては、検証手段がないため、評価は読者の皆さんに委ねたい。

ＩＢＭのすばらしさについても触れたつもりである。ＩＢＭには厳格かつ高邁な企業行動基準があり、社内研修の徹底、ビジネスプロセスの改善、懲罰の徹底等々が実行されている。

若い方は、昨今、大企業は不正・腐敗・不条理が蔓延しているとお思いの方が多いと思うが、本書を読んで、そうでない企業も数多くあることを知ってほしい。また、一人でも行動を起こせば何か反応が出てくることに、期待を抱いていただきたい。

企業の経営者、組織のトップの方は、コンプライアンスの基本にかかわる経営理念と社風、企業行動基準、エスカレーションパス、ビジネスプロセスなどについて、そして「基本は人である」ということを考える材料としていただければと思う。

なお、本稿を最初に執筆したのは、事件直後の二〇〇七年であったが、このたび、約十年の時を経て発行する運びとなった。このため、一部で呼称などが当時のままになっている点がある。

中田　均

# 第一章　コンプライアンス事件

## 一．ＩＢＭとは？

ＩＢＭについてよく知らない方もいるので簡単に述べたいと思う。

その昔は、コンピュータ業界で世界市場占有率が五〇パーセント以上であり、ガリバー企業ともＩＢＭ帝国とも評された巨大な企業である。米国司法省より独占禁止法違反で提訴されていたこともある。一時は米国の国防長官、国務長官、商務長官等が退任後ＩＢＭの役員になる、あるいはＩＢＭの役員を退任後に長官に就任するなど、ある意味で米国と表裏一体とも見える企業でもあった。

私が入社した一九七〇年代前半には、コンピュータを担当する部門名をＩＢＭ室と名づけた顧客もあり、まさにコンピュータすなわちＩＢＭというイメージであった。通産省が国産コンピュータ産業育成のため、国産企業を束ね一体となってＩＢＭに対抗する政策を施行したほどである。今をときめくマイクロソフト、インテルにしてもＩＢＭとの業務提携なしに現在の地位は築けなかったと思われる。

ＩＢＭは、多少知名度は落ちてきたとはいえ、いまでも世界最大のＩＴ企業である。一七〇ヶ国近くの国に進出しコンサルティング、超大型機やサーバーなどの製造、ソフト、サービス等々多岐にわたり総合的な販売を行っている超優良企業である。二〇〇五年の売上は約十兆円、税引き前利益は約一・四兆円、従業員数は三〇数万人である。米国での特許取得件数は一九九三年以来連続トップである。

そのＩＢＭにおいて、二〇〇五年二月、社内を震撼させるコンプライアンス（法令順守）関連事件が発覚した。米国ＩＢＭが米証券取引委員会（ＳＥＣ）に対して、日本ＩＢＭの一部従業員による社内規程違反を理由に、二七〇億円という売上高の減額報告を行った。当修正は最終決算報告前であり、また、ＳＥＣより指摘される前であったため、不正・不法行為という取り扱いにはならなかったが、素人の私から見ても紙一重ではなかったかと思う。

### ＩＢＭについてもう少し

ＩＢＭは有名な企業ではありますが、どのように創業され成長してきたのか、を知る人は業界関係者くらいではないでしょうか。この項ではその歴史を（ごく大雑把に）述べておきます。米国で三つの会社が合併して創業されたのが一九一一年で、それからすでに一〇〇年を超えています。二度の世界大戦や東西冷戦とその終結、そして経済のグローバル化や各種の技術革新などの変化に対応してきた企業です。

一九一一年にはもちろん今のようなコンピュータ業界はありません。当時、取り扱っていたものはだいぶ違っていました。従業員勤務時間記録システム(タイムカード)、食肉用の自動スライサー、タイプライターなど。その中で、パンチカードによって様々なデータ処理を行う「タビュレーティングマシン」が主力事業となり、そのほかの事業は徐々に手放していきました。

「タビュレーティングマシン」関連事業は大きく成長し、独占禁止法違反で提訴されるほどでした。戦争中は武器の製造も行っていましたが、「タビュレーティングマシン」は軍の会計処理などに活用されていました。そして第二次大戦後の一九五〇年代に、米空軍の自動化防衛システム関連のコンピュータを開発する仕事を請け負った経験が、その後のコンピュータ関連事業への道をひらきました。

一九六〇年代にIBMは世界的に飛ぶ鳥を落とす勢いのコンピュータ企業となり、対等な競争相手はほぼいない状況でした。その勢いは一九八〇年ごろまで続き、表計算を得意とするビジネスユースのPC市場を席巻しました。社員の人権や雇用機会均等などについても、早い時期から実践していたので、IBM社員はビジネスの卓越性だけでなく、誠実さという点でも、自社の一員であることに誇りを持っていました。

しかし、一九八〇年代後半から台頭してきた競合が次々と互換機を開発し始めました。また一九九〇年ごろから始まった機器の小型化傾向への対応が遅れたため、ＩＢＭの業績は急速に悪化しました。これを打開するため、様々な方策がとられました。その一環でリストラが開始され、最終的には全世界の社員の約半分にあたる一八万人が削減されることとなりました。職を失った人々はもちろん、社内に残ることができた人々も非常に誇りを傷つけられた時期です。

満身創痍であったＩＢＭを立て直すために、一九九三年に登場したのがルイス・ガースナー氏です。ナビスコ社のＣＥＯ（最高経営責任者）であったガースナー氏がその手腕を発揮したＩＢＭの経営改革は大きな効果を上げ、業績と名声を取り戻させました。そして、二〇〇二年にはコンサルティング事業を他社から統合し、ＩＴ機器の販売だけでなく顧客の課題解決をも担うソリューションを提供する存在となることを目指し始めました。二〇〇三年にはサミュエル・パルミサーノ氏がＣＥＯを引き継ぎ、さらに成長を牽引します。本書に述べられている出来事は二〇〇四年から二〇〇五年にかけて起きているので、パルミサーノ時代のことになります。

## 二．事件の概要

当事件発覚とコンプライアンスに導いた舞台装置を作ったのは私だと思う。

まず、日本と米国でそれぞれどのように報道されたかを日本経済新聞および米国ダウ・ジョーンズで見てみたい。国内の新聞社では日経新聞が最も的確かつ適切に状況が記載されていると思うので紹介する。

二〇〇五年二月二六日付けの日経新聞は、次のような内容で事件を報じている。

日本ＩＢＭ「不適切な計上二七〇億円」
取引慣行見直し大手に波及
会計処理厳格化の呼び水に

日本ＩＢＭは二五日、二〇〇四年一二月期に社内の会計基準に反した不適切な計上が二億六〇〇〇万ドル（約二七〇億円）あったと発表した。

ＩＢＭは付加価値を加えてない他社製品を自社が販売する場合、製品価格を売上とせず、販売手数料のみの計上を義務づけていたが、社内規程違反があったという。中堅システム会社の粉飾決算に端を発する情報（ＩＴ）業界の取引慣行の見直しは大手企業にも普及し始めた。

日本ＩＢＭの〇四年一二月期の売上高は前期比二・五パーセント減の一兆四六〇九億円。不適切な計上分として、当初この内の約二パーセントが上乗せされていた。

すでに〇四年一二月期決算を公表していた米ＩＢＭは、日本ＩＢＭが他社製品の製品価格を売上として会計処理した数字に基づいて作成していた。このため同日、決算修正し、売上高を一月発表の九六五億三〇〇〇万ドルから九六二億九三〇〇万ドルからに減額した。

二五日記者会見した日本ＩＢＭの大歳卓麻社長は「商品は実際に納入されており、架空取引ではない」と強調した。

最終的な顧客がいないまま架空の商品を業者間で転売を繰り返し、売上高を水増ししていた大阪のシステム会社メディア・リンクスと異なり、ＩＢＭの場合は実際に機器を調達、自社の顧客に納入していた。

日本公認会計士協会は三月にもＩＴ業界の売上方法についてガイドラインを出す。ＩＢＭが決算を修正したことで会計処理を見直す動きが広がりそうだ。

日本ＩＢＭが二五日発表した〇四年一二月期の決算は、営業利益が三・三パーセント増の一五一九億九三〇〇万円となった。大型コンピュータなど機器販売は好調だったが、ソフト販売やサービスなどが低迷、三期連続の減収となった。

米国ダウ・ジョーンズは次のような内容で事件を報じている。

米国ＩＢＭ（ＮＹＳＥ：ＩＢＭ）は日本ＩＢＭの一部従業員による不正行為を理由に、二〇〇四年の売上高を減額修正する。米国証券取引委員会（ＳＥＣ）に二四日提出したことを報告書で明らかにした。

それによると、日本での他社ハードウェア販売をめぐる契約書を調査した結果、日本ＩＢＭの一部社員が会社の方針に反し、「不適切に」行動したことが発覚したという。

これにより、ＩＢＭは二〇〇四年のグローバル・サービス部門の売上およびコストを二億六〇〇〇万ドル減額修正する予定という。

具体的にどのような不正行為が行われたのか詳細は明らかにしなかった。今回の修正は、粗利益、継続事業による利益、キャッシュフローなどの減額にはつながらない。

二億六〇〇〇万ドルのうち、十〜一二月期の分は五〇〇〇万ドル。残りは一〜三月期の分は七五〇〇万ドル、四～六月期の分は五五〇〇万ドル、七～九月期の分は八〇〇〇万ドル。

ＩＢＭが問題の販売契約を調査したのは、一月中旬に二〇〇四年の十～一二月期および通期の決算を発表した後だった。当時の発表によると、グローバル・サービス部門の十～一二月期売上高は、保守事業を含めると前年同期比一〇パーセント増の一二六億一〇〇〇万ドルだった。

補足すると、この記事で「ＩＢＭが問題の販売契約を調査したのは、「一月中旬に二〇〇四年の十～一二月期および通期の決算を発表した後」だったと記述されているのは、明らかに間違いで、日本ＩＢＭでは二〇〇四年九月には既に開始されていたはずだ。その理由については、第三章に詳しく述べる。

## そもそもコンプライアンスとは

「コンプライアンス」という言葉が報道などによく登場するようになったのは、当事件と同じ時期ではないかと思います。経営に関わる勉強会などで、法務の専門家を招いて、言葉の意味やとらえ方、また会社経営への影響について学ぼうという取り組みもこの頃からです。

言葉として正確にいうならば「企業コンプライアンス」または「ビジネスコンプライアンス」で、企業や事業運営において法令や規則を守ることです。本来は当然のことですが、変化のスピードが上がり、競争が激化する中で、利益を出して生き残ろうとする行動には、必死さのあまり道を踏み外し、コンプライアンス違反につながる危険があります。

たとえば、材料のコストを削減のため使用期限を過ぎたものを加工して商品にする、あるいは、作業を効率化しようと安全基準を度外視した設備を使う、また、品質管理のための経費を惜しんで検査の回数を減らす・・・など「見つからなければ大丈夫」という意識が透けて見えるようなコンプライアンス違反の報道はご記憶にあるのではないでしょうか。しかし、「見つからなければ」といっても、「見つかる」のは健康被害や火災、事故など、顧客や関係者に大きな損害を与えたときです。違法行為として記録に残るだけでなく、罰を受け、企業の評判を落とし、存続さえも危うくなるようなことも十分あり得ます。

### 三、懲罰

二〇〇五年二月二五日大歳社長より社員あてにレターが出された。このレターの中で懲罰に関して、次のようなメッセージが出されている。

**今回の件は誠に残念なことであり、関係した社員に対し適切な処分を下す予定です。この事実を日本ＩＢＭグループの皆さん一人ひとりがしっかりと認識し、本年の日本ＩＢＭグループ方針の一番に掲げた「オープンに語り合う健全で明るい組織風土の醸成」に向けてさらなる努力が必要です。**

この結果、六月二〇日付、日本ＩＢＭの組合機関紙「かいな」では「不正経理問題の違反を巡って三十数人が解雇を含んだ処分を受けた」と記述されている。ＩＢＭは懲罰内容について通常公表していないため事実の程は不明であるが、出勤停止・降格処分・叱責処分等を含めるともっと多いような気がする。二〇〇四年一二月頃の段階で、職責をはずされた営業部長や会社を退社した営業がいるとの噂を耳にはしている。

当事件にからみ退任を余儀なくされた役員は、金融事業担当、管理担当、営業管理担当の三名と考えている社員が多い。金融事業担当役員は以前より社長候補とも言われる人物であり、残念な気がしないではない。ただ、当事件の不適切な売上計上の半分以上は金融事業部関連と言われており、仕方ないと思う。と同時に、ＩＢＭの将来のためには良かったような気もする。

なぜなら、この種の事件には、目標達成のプレッシャーがある営業にとっては一〇のものを一〇〇として売上計上できるという、誘惑に満ちた構図がある。そのため、一度この味をしめると、上から明示的・暗示的にこのような不適切な処理をすることを期待され、営業担当者個人は多少の罪悪感があっても従わざるを得ず、また、徐々に慣れてしまう。

今回のように役員までも絡んで組織的に行われたとしたら、会社人間は、よほど強靭な意志と行動力と金銭的に余裕がない限り、一人で離脱することはできない。

結局は行き着くところ、つまり発覚するまでは止められない性質の事件だと思う。もし当事件が発覚しなかったら、金額が四〇〇億円、五〇〇億円と増大していき、ＳＯＸ法への抵触によりＩＢＭ経営者が不法行為者として処罰される事態は大いにあり得ることだった。

さて、今までに記述した内容から、読者の皆さんはＩＢＭとは随分言い加減な会社だと思われるかも知れない。しかし、実際はその反対で、優れた基本理念、経営理念、企業行動基準、社内規程、エスカレーションパス、ビジネスプロセス、社員教育が行われている。今回のようなコンプライアンス違反になる可能性がある事件が発生しても、事前対応できる風土がある会社である。

次章では、今回の事件がコンプライアンス違反に至らないよう、事前対応することができた経緯、いわば舞台裏につき述べていきたい。

## キーワード紹介

コンプライアンスに関わる重要なキーワードについて、意味を簡単に示しておきます。本書の後半で詳しく触れられているものもありますが、初めから読み進める手がかりとして役立ててください。

ＳＯＸ法

二〇〇一～〇二年、エネルギー大手エンロンと通信大手ワールドコムの不正会計事件が発生し、ワールドコムの最高経営責任者（CEO）は、不正会計で禁固二五年の実刑判決を受けました。これを契機に、二〇〇二年十月、米国で施行されたのが、米国企業改革法（サーベンス・オクスレー法）の略称です。正式名称は「証券関係法に基づいて作成される開示資料の正確性および信頼性を高めて投資家を保護するための法律」と言い、罰則は極めて重いものです。

経営理念

企業経営の目的や企業そのものの存在意義などについての基本的な考え方を言語化したものです。経営手法や商品・サービスのあり方はもちろん、従業員の育成や評価などにも反映されます。企業理念とも言います。

企業行動基準

その企業の構成員すべての行動の基準です。就業規則などはもちろん、企業が属する社会におけるマナー、構成員の間で暗黙のうちに共有されているルールなど、様々なものが関わります。

社内規程

その企業での業務に関する様々な決まり事を明文化したものです。主に文書の取り扱いや、決裁権に関することなどが定められています。社内規程のうち、労働条件に特化したものが就業規則です。

エスカレーションパス

業務上、問題が発生し、直接の担当者では対応しきれないときに、誰に対してどのように行動するか、ということについての仕組みです。通常は担当者からリーダーやマネージャーといった上長に対応の責務が移動していきます。

ビジネスプロセス

業務上の目的達成のための手順を示すものです。業務内容や目的に応じて、誰が、いつ、どこで、何を、どのように行うべきかを、個人・グループ・部署・部門の単位で表します。さらには、時系列や優先度によってそれぞれの単位の関係性を示します。フローチャートのような形で図示されることが多いです。

# 第二章　舞台裏

## 一．事件の発端

私は二〇〇四年当時、日本ＩＢＭのネットワーク事業部に所属するごく普通のサラリーマンであった。主な仕事は営業目標の設定、営業成績の予測、実績把握、目標未達成時の行動計画の策定、営業報酬関連業務などである。

二月末、同じ所属でＩＢＭを退社後、契約社員として勤務し、営業実績データをまとめている大ベテランのＱさんから、

「最近のＩＢＭはおかしい！　昨年もおかしいと思ったが、ますますおかしくなってきている。ちょっと実績データを見てくれ」

と言われた。

こちらは、日々忙しいので適当に聞いていたが、Ｑさんが熱心に説明するので耳を傾けた。説明の内容は、他社製品の販売で各四半期の最終月になると、特定の部門の特定顧客において、決まったように高額の売上が計上されるとのことだった。

営業成績を管理し、常時売上目標に達成しないため苦労している私としては、「四半期末に営業が頑張って売上を増大させているのならそれは良いことだ」と思い、特に興味も疑問

も持たなかった。

Ｑさんは何十年もＩＢＭに勤務し、ＩＢＭの子会社の役員もしたことがあり、営業・経理・管理のどの分野にも高い見識と知識とスキルを持っており、私が尊敬する先輩の一人である。Ｑさんのようなタイプの人は部門としては常に貴重な存在である。性格的には昔かたぎのところがあり、一見とっつきにくい面はあるが、根は優しい人である。そして心からＩＢＭが好きでたまらない人だ。

私のように、いい加減なタイプは本来嫌われるはずであるが、私が営業担当だったとき、Ｑさんの部署にしばしば営業の協力をお願いしていた関係で「しつこいやつだ」と言いながらもそれなりに親しくしてくれていた。そのＱさんが、執拗に「おかしい！　こんなＩＢＭ俺は嫌いだ」と言い始めていた。

四月に入り、二〇〇四年第一・四半期の結果が出た段階で、私は根負けしてＱさんの話をよく聞いてみた。

Ｑさんが不審な点を指摘した資料は、過去の四半期も含め、業界別、顧客別、製品カテゴリー等々を取引ごとの売上高で詳細に分析したものである。資料をよく見ていくと確かに銀行業界の数件の顧客で、売上が高額かつ規則的と思われるものがあった。ただ、その売上は、当事業部の営業では状況を把握できていないものであった。

ＩＢＭには、インダストリー毎に総合的に顧客に接し、全体的な売上に責任を持つ、インダストリー担当営業の部隊がある。顧客にＩＢＭの代表営業として接する、花形の営業部門である。

それに対し、ネットワーク事業部の営業はネットワークに特化しているため、大規模なプロジェクトであればあるほど、全体が分からない。インダストリー担当営業の指示にもとづき営業しているだけという場合もある。極端な場合、販売活動はほとんどせずに、インダストリー担当営業が顧客と話をつけてきた取引を単に契約書を作り発注するというようなこともある。

このような状況なので、ネットワーク事業部の営業には頼みにくいが、不祥事の可能性もあるので、売上計上されている顧客担当の営業・営業部長に販売実態を調査するよう依頼した。

管理的部門から、このような依頼をした場合、営業の反応はだいたい次の三つのタイプがある。

一．調査依頼の意図を理解し、迅速に必要なメンバーと連絡をとり的確かつ迅速に返事を返す

二．嫌な顔は見せないが、手抜きまたは自分の推定でいい加減に返事を返す

三．忙しいのに金にならない話をもってきて・・・と、露骨にいやな顔をし、的外れな返事を返す

余談だが、経験上、三つのタイプのうちもっと営業成績が悪いのはだいたい的外れな返事を返す営業であり、成績が優良なのは、的確かつ迅速に返事を返す営業だ。

さて、私はタイプ二および三については、当初より返事をあまり期待していなかったし、予想通り報告はあったが期待できない内容であった。最も期待したタイプ一の営業からは「他部門の担当営業に聞いてもよくわからない」との報告であった。

この時点から何となくおかしいと思い、不正の火種があるかもしれないと感じ始めた。私も営業を十年近くやっていたので、不正が隠されている場合は、状況不明と処理明瞭の二つが同時進行している場合が多いことを感覚的に掴んでいた。

複雑な取引で、状況がよくわからない取引でも、疑問点の説明を営業に問い合わせると、

普段は何回か督促しても説明に来ないのに、待っていましたとばかりに完璧な資料を持ってくる場合は要注意である。

そこで、私は、別の観点からチェックしようと、発注業務処理の状況を聞いてみた。業務の仕事は地味であるのであまりスポットライトがあたらないが、不正の可能性を見出すには極めて重要な職種である。いろいろな顧客の発注状況を毎日処理していると、職人芸的におかしいなと分かるような人がいるのである。

あやしいと想定される金融関係の三件ほどの顧客の発注、納入、入金状況を業務担当に聞いてみると、資料は完璧にそろっていた。しかも、普段はいい加減な処理をする営業が、当該発注については積極的に説明に応じ、状況によっては滅多に来ない営業部長も説明にくると言う。私はますます疑問を持つようになった。

そんな時期に、Qさんがまた新しい情報を持ってきた。ある他社製品について、その会社の日本国内の年間売上を、日本ＩＢＭの売上だけで超えてしまうとシミュレーションできるというのである。もしかしたら、シミュレーションに使われる他社製品の発注コードが厳密に運用されていないためこうなっているのかもしれないが、やはり疑惑は残った。

この時点では確たる証拠はないが、営業、業務、実績データ等々からの状況から見て、何かがおかしいことは明白だった。そのため、私は悩んだ後、状況を事業部長に説明し、売上の返上を進言することを決意した。

## 二．事業部長の英断

ネットワーク事業部長のＳさんは私と同期入社でＩＢＭが大好きであり、常に会社に全力を投入している。ＩＢＭのキャリア制度に登録され、社長補佐も経験しており役員になっても不思議ではない人材であった。

仕事の進め方は緻密で、次から次にアイデアを出すこともでき、どのような仕事にあたってもある程度の成果は確実に出せる能力を持っていた。この当時は、ネットワーク関連事業を拡大させていくというＩＢＭの方針により、本格的に事業を立ち上げるために事業部長に抜擢されていた。事業部長就任後、業績は順調に伸び、早期の年間一〇〇〇億円の売上達成を目指し、その手腕を発揮していた。

しかしながら、二〇〇三年頃より、景気がますます低迷し、ネットワーク関連事業の競争が激化して、日増しに状況は厳しくなっていった。

また、ビジネスの複雑度も増し、営業目標達成に苦労するようになってきた。二〇〇四年第一・四半期の営業成績が今一つで、第二・四半期が崖っぷちになりそうな状況であった。

五月、私はQさんの意向を踏まえ、Sさんに他社製品販売に関連して不審だと感じる高額な売上がかなりあることを説明し、売上返上について進言した。Sさんは最初、興味はほとんど示さなかったし、「目標達成が厳しい中で、売上返上とはなんだ！」と不機嫌そうな顔もされた。その反応は、事業部の最高責任者であり、二〇〇人近くの所属メンバーをかかえる事業部長としては当然のことであった。

Sさんは優しさを内面にはもっているが、外面的な気性は激しい方であるため、通常は一回そのような顔をされると、躊躇して意見を引っ込める社員が多い。私は十年近くの付き合いがあり同期生でもあるため、Sさんの性格をある程度理解していたと思う。そのため、次のような点を指摘し、何回かの説得を試みた。

・データベースのデータ分析以外に実証はないが、感覚的におかしいのは間違いない。
・当事業部では、販売の直接当事者でないが、売上が計上され営業がコミッションを貰う以上、その責任は免れないので売上を返上すべきである。
・右肩上がりの時代ではないので、後から何とかなるだろうと考えるのは危険である。
・昨今、マスコミでは企業の不正・腐敗を頻繁に取上げており、会社も世の中も、不正に極めて敏感である。

Sさんを必ず説得しようとしたのは、ＩＢＭも米国の世相を反映し、コンプライアンスの違反者は看過せず懲戒免職も辞さない、という方針を年々強く出してきていたからである。私の熱意が通じたのか、Sさんは独自に気になる顧客の状況を営業・営業部長に調査させ、やはり私と同じような疑問を持ち始めたようだった。そして、確証は得られないがやはり何かありそうだということで悩み始めていた。

Sさんは長年優秀な営業として活躍してきており、危ない橋も何回か渡っており、営業活動の表も裏も熟知していた。過去の経験、現状分析、優秀な営業が持つ危機を回避する特別な嗅覚などをもとに、売上目標が非常に苦しい中であったが、売上の返上を英断したと思われる。

事業部長を補佐する私の立場からしても、役員から毎週営業成績をチェックされ、売上の達成状況が悪ければ嫌味を言われながら過ごさなければならない状況で、よく売上返上を判断したと思う。

このときは、Sさんがいつも以上に大きくまた頼もしく見えた。

返上処理を指示された営業の中には、返上金額が多額なことが予想されるため、不満を漏らすものも当然いた。私も白い目で見られ、余計なことをやってくれるなと言われ、コミッションで給料をもらっていない社員は気楽だと嫌味を言われた。

ＩＢＭの営業報酬制度では、売上がストレートにコミッションに影響し、生活がかかっている営業の不満は当然とも言える。営業経験者の私には胸が痛いほど気持ちは理解できた。

私は不満を言う営業には次のように話をした。

「営業成績が不振でもクビにはならないが、コンプライアンス違反に関わればクビになる可能性は十分ある。今の時代、会社、社会共に間違いなくコンプライアンスには厳格になってきている」

六月、金融担当の営業部長が売上管理部門に売上の返上を申し出た。返上理由としては、確証がないので何かおかしなことがありそうだとは書けないので、「ネットワーク事業部の営業としてＡｃｔｉｖｉｔｙがない中でクレジットさせていただくことは避けたい」とした。まさに、「君子は危うきに近寄らず」である。

管理部門は売上返上を了解したが、売上返上を自ら申請することは、通常は考えられないことなので多分びっくりしたと思う。しかし、管理部門から知らされた返上額は四〇億円に近い多額なものであった。これにはこちらがびっくりした。

この翌年、不適切な売上計上が発覚し、解雇を含み多数の社員が処分を受けたが、当事業部では営業・営業部長の一人として処分を受けなかった。これは、S事業部長の英断と渋々ながらもそれに従った、営業・営業部長に見識によるところが大であると思う。

## 三．追及

当事件については、売上返上で一段落したと思い、また忙しく営業成績に追われる日常に戻っていた。二〇〇四年八月に入ると、今回の件で影響を受け収入が減ってしまった営業が、私を追及するようなことを各々言ってくるようになった。

「売上返上したが、特に何も起こらず問題になっていないようなので、売上をもらっておけば良かった」

「ＩＢＭでは正直ものは馬鹿を見るのか？」

「生活が苦しくて苦しくてたまらない」

等々の言葉が私に向けられた。

これが、一九七〇年代のように、毎年営業成績が伸び、それに伴い給料もびっくりするほど伸びていた頃なら簡単に諦めもつくが、前年同様の営業成績をあげるにも大変な努力を強いられる状況である。生活がかかっている営業が泣きついてくる、あるいは余計なことをしたといやみを言う感情は十分に理解できる。

彼らの言葉を聞きながら、もしこれが不正でなかったとしたら、事業部長の判断を誤らせるような進言をしてしまったことになる、とも思った。だが、不正を見つける能力について、私には自信があり、実績もある。不正を見過ごすことはできない、という思いは変わらないが、心はかなり揺れていた。

数日後、ふと営業実績データをまとめているQさんに目を向けると、Qさんは厳しい顔つきをして、机の上の一枚の用紙を見つめていた。いつもは、冗談を言いながら楽しげに仕事をしているので多少奇異に感じた。Qさんが離席した折に席に近づき、失礼ながらその用紙が何かを見ると「スピークアップ」らしき用紙であった。

しばらくして、Qさんに最近の営業実績を聞いたところ、胸にたまっていた物を吐き出すように、各種の分析資料を見せ、当事業部としては問題なくなったが、他では同じだとの説明を懇切丁寧にしてくれた。

当事業部の売上には計上されないが、何の営業活動もしないのに売上高を計上される部門があるというのだ。一言でいうと、顧客の統括窓口になっているインダストリー担当の営業事業部では、当事業部が決死の思いで、売上を返上したにも関わらず、相変わらず不正をしていたということである。

そして、Qさんは「何でＩＢＭはこんなことになっているのだ？　何十年ものＩＢＭ生活の中で、ここまで堕落したケースは見たことはない。秋にはもうＩＢＭを辞める」と言った。

私はこのときに初めて、ＩＢＭに不満を言いつつ、ＩＢＭが好きで好きでしょうがないＱさんの心情と、スピークアップらしき提案用紙の意味が理解できた。ただ、Ｑさんは契約社員の方であり、また、本質的に性格が優しいので、スピークアップしたい気持ちはあっても、実際は行動しないだろうと思った。それに引き換え、私は、社内でスピークアップは何回かしていたし、プライベートでは昔から、大臣、知事、市長、社長等への請願などをして慣れていた。

私は、Ｑさんのスピークアップする気持ちを引き継ぐのは自分しかいないかなと、徐々に思い始めていた。秋になって、Ｑさんは皆に惜しまれながらＩＢＭを去っていった。

## 「売上返上」って？

本章では「事件の発端」として、売上実績の数字に疑問を持った同僚Ｑさんと中田さんが、実際の資料を検分し関係者への聞き取りなどを行って、実態を究明しようとしています。そして、上司に「売上返上」を進言しました。

この言葉は、実際に営業やそのマネジメントに携わる方はご存知と思いますが、そうでなければ「?」がつくところではないでしょうか。

「売上返上」って、お客様にお金を返すということ? では返品ということ? 商品でなくサービスだったら? ・・・など、具体的な場面を思い浮かべれば浮かべるほどわからなくなってしまいそうです。

ここで言われている「売上」とは、企業間取引における売買契約のことです。店頭で商品やサービスを受け取り、その場で支払いをする「小売」とちがって、企業と企業の間で取引をする際は、商品やサービスを前にするのではなく、「契約書」「請求書」「発送伝票」などのビジネス文書が作成され、決済されるという形をとります。企業間取引の「売上」とは、そうした文書に現れる数字です。もちろん、その書類に現れていることが確実に行われるという約束のもとに取り扱われるものです。

ところが、一〇〇件二〇〇件とある売上のなかに、実際に商品やサービスの提供や代金の支払いが存在せず、文書だけが行き交っているものをまぜたらどうでしょう。その分、実態の伴わない売上が数字だけ水増しされることになります。それが、中田さんたちが「おかしい」と感じたところです。

なぜこんなことをするのでしょうか。単純にいえば「成績を出したい」という欲求によるものです。営業担当者個人しかり、グループしかり、ひいては企業が顧客や金融機関、また投資家などに対して業績を誇示したいという欲求も、同じ根っこから来るものです。

当然ですが、この行為は法律違反です。摘発されれば企業は信用を失い、金融機関や投資家から得られていた経営資金も、顧客も失ってしまいます。しかし、業績を求められるプレッシャーに耐えかねて、この行為に手を染めてしまう個人や企業が、残念ながら存在しています。

そして、このような事柄は、外から摘発されて初めて見えるのではなく、まずは内部で発覚します。そこで踏みとどまることができれば大事に至らずに済む可能性が出てきます。この章で、中田さんが上司に進言した「売上返上」はその方策の一つで、架空に計上された売上の関係文書を取り下げるというものです。上司は進言を受け入れて「売上返上」を実施してくれました。英断です。

しかし、「売上返上」をすると、それまで出ていた架空の数字が抜けるので、当然ですが成績は落ちます。すなわち当該の部門や担当者の業績が落ちるので、面白くない思いをする人が出てきます。業績を上げるプレッシャーが強ければ強いほど感情的な行き違いが起きやすく、同じ組織の中で同僚との対立に直面することになります。正しいこととはいえ、不正を発見し「売上返上」を進言した中田さんたちは、苦しい立場に立たされることになりました。正しいことは正しい、それは間違いないのですが、同じ職場で毎日顔を合わせている人たちからの恨み言はずっしりと重かったことでしょう。「心はかなり揺れていた」というのは素直な気持ちの表れです。

# 第三章　スピークアップ

## 一．スピークアップとは？

日本IBMで、入社時に新入社員が説明を受ける内容は、次のようなものである。

プログラムの目的：

スピークアップ・プログラムは、マネジメントと社員の間のツー・ウエイ・コミュニケーションの重要な手段の一つです。会社の方針・施策・運営等に関し、あなたが疑問に思うことを質問したり、あなたの関心ごとについて意見を述べたりすることが匿名でできます。

ビジネス・コンダクト・ガイドラインに関わる問題（法律違反、不適切なビジネス行動、セクシャル・ハラスメント、道義に反する言動など）に気づいた場合は、直ちに、当プログラムを通じ、あるいは直接マネジメントに報告すべきです。

スピークアップの提出時には、あなたの名前や住所を記入していただきますが、スピークアッププコーディネーター以外にその情報が知られることはありません。

スピークアップ・プログラムの目的は次のとおりです。

一．下から上へのコミュニケーションの手段を提供する。

二．匿名で疑問、意見、不満を述べる機会を提供する。

三．問題点を明らかにする。

四．社員が関心を持つ事項について、マネジメントが説明を行い、改善策を講じる機会を提供する。

五．コミュニケーションを通じて、会社と社員間の良好な関係を維持する。


このプログラムは、匿名性を守る観点から、あなた自身の給与・昇給・評価などについての疑問、意見、不満を述べるには必ずしも適切ではありません。所属長、あるいはその上長とのコミュニケーションがより適切な場合もありますので、利用に際し注意が必要です。

なお、このプログラムは臨時雇用者にも適用されます。

提出：

スピークアップを書く前に、より迅速にあなたの疑問や意見に回答が得られる方法はないか、例えば次のようなことをまず考えてください。

・所属長に話してみる。所属長は答えをすでに持っているかもしれませんし、答えを得てくれるかもしれません。
・その問題の主管部門に直接コンタクトする。

スピークアップはオンラインまたはハードコピー、どちらの方法でも提出できます。オンラインで送る場合は、フォームはありません。自由形式で記入してください。ハードコピーの場合は、スピークアップフォームを使用する。または、自由形式の書簡でも良い。その場合は、氏名、社員番号、所属、住所を書簡の中に記入すること。
・封筒に「親展」と記し切手を貼って送付する。
・封筒にあなたの名前や住所は絶対に書かないこと。

いずれの方法で送られたかに関わらず、スピークアップの文書内に提出者を明示、暗示するような記述がある場合は、スピークアップコーディネーターはその部分を削除し、編集します。

手書きスピークアップの場合は、コーディネーターが書き改めてから、適切なマネジメントに回答作成を依頼します。

回答を作成するにあたり、調査が必要となり、調査員やマネジメントが提出者の名前を知る必要が出た場合は、スピークアップコーディネーターがあなたと連絡をとり、あなたの意向を確認した上で調査を開始するか否かを決めます。

回答：

多くの場合、回答が作成され、スピークアップコーディネーターに送られてきます。コーディネーターは回答をレビューし、役員の署名を受けて返事を提出者の自宅に送ります。

匿名性の観点から原則として自宅に送ります。

提出者に対する回答または状況報告は、一般的に一〇労働日以内に行われます。

回答者が「回答不要」を要望した場合はその意向に従います。

全員に知らせたほうが良いと判断されるスピークアップと回答は人事のホームページに順次掲載します。

匿名性厳守の観点から、掲載にあたっては提出者の同意を得ます。同意が得られないものは掲載しません。

以上が、新入社員用の説明であるが、わかり易く良くまとめられていると思う。

私も三十六年間の在職期間中に数回ほど利用したことがあるが、ほぼ満足のいく回答を得ることができしっかりした運用をすれば効果的なプログラムだと思う。

ただ、社員の中には他人を中傷することを主眼とし、本来の生産的な活動に結びつかないようなスピークアップをするものもいるので、要注意である。

また、匿名性のプログラムではあるが、どこまでその匿名性が保持できるかは実際の運用にかかっている。退職したある事業部長クラスの中には、スピークアップ提出者はいくつかの社内ルートを調べればある程度絞り込めると豪語していた者もいた。そのようなことはないと信じたいが、心配がないとは言えない。

## 「スピークアップ」うちの会社は?

事件から十年以上が経った今、日本でもコンプライアンスの重要性はだいぶ浸透してきました。しかし、スピークアップはまだ一般的とは言えません。そこで、スピークアップ・プログラムの意義について補足したいと思います。

スピークアップ・プログラムとは、端的にいうと、企業がコンプライアンス違反を早期に知るための、有効な手段として設置されているものです。

Ｓｐｅａｋ　ｕｐ　という言葉は「大きい声ではっきり話す」という意味です。実際の会話では「Ｓｐｅａｋ　ｕｐ!」と命令形で使われる言葉です。スピークアップ・プログラムは、従業員や関係者に「大きい声ではっきり話す」ことを促しているのです。

従業員や関係者は、コンプライアンス違反にかかわることがあった場合、この制度を使って通報することができます。

たとえば次のような事柄です。

・材料の偽装
・安全対策の手抜き
・個人情報の目的外使用
・残業の強要、休暇を許可しない
・スタッフや関係者に対する差別的言動

もしスピークアップ・プログラムがない会社で、このような出来事があるとき、あるいは確信は持てないまでも兆候が見えたとき、現場の従業員や関係者は、末端の立場であればあるほど危機感を直に感じます。しかし、上司に相談しても「慣例だ」「表に出ることはない」などと押し切られて、そのまま事態が進行するようなことになるかもしれません。

不正が露見した際には、疑いを持ち止めようと努力した自分も、強引にことを進めた上司と一蓮托生で処分されるかもしれません。また、自分に災いが及ばなかったとしても、会社そのものが社会的信用を失い、株主に去られて、資金の面でも事業のネットワークにおいても再起不能に陥るでしょう。

こんなとき、大きな決定権を持つ人に、自分が発見したことをありのまま知らせて、正式な調査を依頼することができるのが、スピークアップ・プログラムです。個人のレベルだけで考えていると、実際に使うには二の足を踏みそうですが、企業のコンプライアンス違反に対する社会の眼は厳しくなっています。大事に至らないための制度だということをふまえれば、行動を誤らずに済むでしょう。スピークアップ・プログラムには大きな意味があることがわかります。あなたの職場ではいかがですか？

## 二、舞台の大きさ

Qさんの意志を引き継ぎスピークアップしようと決めたものの、私は困っていた。当事件はどの程度の規模で、どんな不正が行われたのか、どこまで発展する可能性があるのかがわからなかったのである。営業を担当していないので、顧客の状況、システムの規模・技術レベル、ビジネス形態、ビジネスの困難度、導入期間等々の情報が手に入らない。

製品コード別にデータを分析すると、不審な取引だけで一〇〇以上ありそうで、そのうち売上が一億円を超える取引の大半は金融関係の特定の顧客に集中していた。四半期末に継続的に似たような取引がある印象をつかむことはできたが、確たる証拠はない。

ただ、長年の経験でおかしいと感じていた。それに、営業の大ベテランであり、子会社の役員もしてビジネスセンスと危機管理能力に優れたQさんの感覚も同じである。

規模としては、当事業部が売上返上した分だけで四〇億円あるので、一〇〇億円以上の事件になるのではないかと想定した。

不正の内容については、次の三つが考えられる。

一．翌四半期以降に売上計上すべきものを、顧客または関連会社、ビジネス・パートナー等の了解を得て無理やり今期に販売している。

二．他社製品にソフトウェアやサービスのような付加価値がない場合、利益部分だけを売上計上すべきところを、総額を売上計上している。

三．営業実態がない架空の取引をしている。

一．は、俗に「押しこみ販売」といわれる。営業目標が苦しい場合はどうしても頼ってしまう方策である。ただ、これは売上の先食いであるため、右肩あがりの時代には黙認できたが、ビジネス環境が厳しい時代では避ける必要がある。さもないと、いつか壁につきあたり破綻するか、苦しさに耐え切れず悪い行動に走る可能性が大である。

二．は社内規程違反として処分し、SECに修正申告するという対応により、最悪の事態を免れることが可能だ。しかし、あくまでも申告せず摘発されることになれば、SOX法により経営責任を問われることになる。実態がないのに簡単に商流にのり売上計上をしたことになるからだ。たとえば、A社からB社に商品が流れ、顧客に販売する場合。IBMがA社とB社の間に入れてもらって売上を計上したとする。実際に動く金額は、間に入ることによって発生するコミッションくらいだが、商品の金額を売上として計上すれば金額は大きく膨れ上がることになる。

三．は言語道断である。これは、犯罪であり処罰されてしかるべきである。しかしながら、調査は非常に難しいケースである。架空取引は一社だけでは成立せず、取引相手と組んでいる場合が多い。そのため、事実確認を行うためには取引相手に確認をしていかなければならないが、民間企業には取引相手への調査権がないため、実態把握は極めて困難である。

さて、前置きが長くなったが、当事件の実態は二．または三．の可能性が高いと私は推定した。また、金額からしてSOX法に抵触し、SECが対応しても不思議ではない課題と考えた。

SECまでからむ課題と考えると、会社ではなく社会におけるコンプライアンスを念頭におきスピークアップしていく必要がある。つまり、会社という小さな世界で矮小化した解決をするのではなく、堂々と真実を白日の下にさらし、真の解決をしていくことがIBMの将来およびSECのためになると考えた。

IBMのコンプライアンスへの対応は、世界中の企業の中でも突出して優れている。どんな組織でも必ず悪いことをする人間はいるので、完全に不正をなくすのは難しいのも事実である。今回の件がどんな状況になっても、「ＩＢＭは会社として可能な限り、取りうる対応はしていた」と言えるようにしたいと考えた。

なぜここまで考えるかというと、民主主義で自由の国、米国は自由もあるがルール違反には極めて厳しいからだ。経済的犯罪に対しても同様で、日本なら初犯であれば執行猶予になると思われる犯罪でも、禁固何十年という処罰を受ける可能性があった。

そこで、私はまず、大歳社長にスピークアップすることにした。

## 三．社長へのスピークアップ

二〇〇四年八月下旬、大歳社長へのスピークアップを匿名の書面で行った。スピークアップ・プログラムでは、通常はプログラムのコーディネーターに提出者の名前や住所は明かす。コーディネーターは文書内に提出者を明示または暗示する記述があれば、その部分を削除、編集し書き改めてから、適切なマネジメントに回答を依頼する。しかしながら、今回の場合、社長の回答しだいでは、社外へのスピークアップが必要になる。まったく匿名の文書を提出する必要があった。

スピークアップの経験はあったが、匿名で文書を提出するのは初めてだった。当初は多少後ろめたさを感じたが、結果的には自分の信念に基づき行動して良かったと思っている。また、当書面の写しには、いつも「北城さん」と呼ばせてもらっている北城会長を入れた。北城さんは経済同友会代表幹事という立場であり、当事件はマスコミ沙汰になる可能性もあるので、知らせておいた方が良い、という判断である。

社長へのスピークアップの要旨は、次のようなものである。

社内で不正取引が行われている可能性がある。金額が大きそうである。
当取引は金融事業担当役員が主導で、管理担当役員、サービス担当役員は主導ではないが、実態をある程度把握しながら看過している可能性がある。
十月一日までに不正防止のための明示的ガイドを社内に出すことを要望する。
不正取引の可能性がある具体例
「顧客」Ｓ銀行・Ｒ社・Ｈ社
「取引製品」他社製品（製品名）
「時期」二〇〇四年第一および第二・四半期
「その他」第三・四半期については不明

これを受けて、社内調査が始まった。顧客名まで提示したので、比較的順調に進むかと思ったが、意外と苦労しているように見えた。なぜ、そのようなことが分かるかというと、当事業部が売上返上した取引も当然調査対象となるため、営業管理部門から事情聴取されたのである。

このとき、事業部長のＳさんの対応は立派だった。一貫して「営業にタッチしていないので状況は分からない」ということで通していた。このような件が調査対象になった場合、推測や噂で物事を言うのは厳禁である。

なぜなら、確証がないことを推定で言い始めると、調査する側はその発言を捉えて、次の質問につなげる。それを繰り返しながら、矛盾点や不審な点を追求するのが、事情聴取の一般的な手法である。次から次に質問するのは、調査する側に確たる証拠がないということだ。状況判断から確証に迫ろうとしているのである。

事情聴取の最中、当事業部の新任ラインマネージャーが推測による発言をしたとき、Ｓさんは営業管理の責任者も驚くほど、烈火のごとく怒り話を中断させた。誠に正しい判断だと思う。Ｓさんの判断があったからこそ、当部門では一人の営業・営業部長も懲罰を受けないで済んだ。

懲罰を受けないのは当事業部では何も知らず、していないので当然であるが、一般的に、不正は規模が大きくなればなるほど、発覚した際には懲罰対象者の範囲も広がる傾向がある。事情聴取を受ける際は、細心の注意を払わねばならない。

スピークアップの要望に基づき、十月一日、営業管理部門より社内に向けて、次のような

「ＶＬＨ／ＶＬＳ　Ｇｒｏｓｓ／Ｎｅｔガイドの遵守について」

ＶＬＨ／ＶＬＳ（Ｖｅｎｄｅｒ　Ｌｏｇ　Ｈａｒｄｗａｒｅ／Ｖｅｎｄｅｒ　Ｌｏｇ　Ｓｏｆｔｗａｒｅ）は、ＩＢＭが顧客のトータル・ソリューションをご提供し、付加価値を高めるものとして有効手段です。

同時にＶＬＨ／ＶＬＳ　Ｇｒｏｓｓ／Ｎｅｔガイドに従い、適切な売上計上処理をすることが求められます。

特に長期にわたるプロジェクトの一環としてＶＬＨ／ＶＬＳを第三者（サプライヤー）から他社製ハードウェア・ソフトウェアを調達し、それに直接関連するＩＢＭのサービスを付加してお客様にお納めするケースについては注意を払っていただきたいと思います。プロジェクト期間内で複数の契約書が締結されることが多いことから、契約単位での管理、プロジェクト全体での管理の両面が求められます。

「ＶＬＨ／ＶＬＳ　Ｇｒｏｓｓ／Ｎｅｔ判定申請書兼チェックシート」でプロジェクト全体の承認を得た場合でも、局面・契約毎に状況確認を行い承認基準との整合性をプロジェクト全体の中で随時確認してください。

会社にとって適切な売上計上は、最も重要で遵守しなければならないプラクティスの一つです。

発表されている事業計画担当からの「Ｇｒｏｓｓ／Ｎｅｔガイド」にしたがって適切な売上計上を行っていただくようお願いいたします。

以上

一言でいえば、「利益部分・総額売上計上の区別は最重要プラクティスなので、すでに案内しているガイドに従い、遵守の徹底をしてください」ということである。

ただし、次の点が気になった。

・一〇〇億円単位の事件かもしれないのに、なおざりの営業管理ニュースと見える。
・社長は当事件の重要度につき、どこまで認識しているのだろうか？
・第四・四半期はこれで歯止めはかかるだろうが、第一〜第三四半期までで、既に遵守されずに売上計上がされた取引はどうなるのだろう？
・架空取引は、ほんとうになかったのだろうか？

しかし、要請どおりニュースレターが出されたので、一段落と思い、しばらく様子をみることにした。

## 四．国税庁長官へのスピークアップ

当ニュースの発表後も、継続して当事件に関連し社内調査が行われていた。

当事業部の事業部長、営業・営業部長も個別に関連部門から要請に基づき、事情聴取はされているようだった。ＩＢＭは問題が発生すると、その調査は管理・営業管理・内部監査・業務審査・法務部門などが連携し徹底して行うので、期待はしていた。

ＳＯＸ法の本格適用開始は二〇〇四年一一月からであった。二〇〇五年一月は、ＩＢＭの年間の決算発表時期であるから、それまでに二〇〇四年第一から第三・四半期までの問題がある取引は修正されていなければ違法になる。

ＳＯＸ法では、ＣＥＯ・ＣＦＯに自社の開示内容の適切性に関する署名を義務付けている。ＣＥＯ・ＣＦＯは四半期・年次報告書に署名し間違いがあれば罰せられる。罰則は極めて厳しい。開示内容が不適切であることを知りながら署名した場合は、一〇〇万ドル以下の罰金または一〇年以下の禁固刑、故意の場合は、五〇〇万ドル以下の罰金または二〇年以下の禁固刑である。

速やかに不正の内容を明確にし、とりわけ、架空取引の有無をはっきりさせなければならない。しかし、調査権を持たない一企業で明確に判断していくのは極めて困難である。

そこで、早期に見通しをつけるためには、当事件の重要性を考え、行政の機能を使って調査を加速させようと考えた。


一介のサラリーマンにそんなことができるのか、と思う方もあるだろう。

私は、会社はあくまでも社会の上に成り立つものであり、その仕組みを支えるルールが法律だと思っている。法律に抵触しそうな事件が発生し、会社が迅速に対応することが困難な場合は、国の行政機能を利用すれば良い。

近年、次から次に不祥事が発生しているが、それを見ている若者は大人社会を侮蔑し、夢をなくしていると思う。

会社で不祥事事件が身近に感じられたとき、会社のためという視点ばかりでなく、

「自分の人生観としてこのようなことを看過して良いのか？」

「社会的にこのようなことをして良いのか？」

と考えれば、大人としてとるべき行動は自ずとわかるだろう。しかも、今回の場合は米国ＩＢＭのＣＥＯ・ＣＦＯを助けられるかもしれないのだ。

当事件の調査を加速し、架空取引を明らかにするために選んだ行政機関とは、国税庁である。国税庁と大企業は、事業の活動状況を把握するため、常時やりとりする関係である。必要であれば、他社の調査もできるはずだ。

二〇〇四年一一月末、国税庁長官に書面を送付した。

書面の主旨は次のようなものである。

●宛先　国税庁長官
●表題　日本ＩＢＭでの不正取引調査依頼
●内容　日本ＩＢＭで不正取引が行われている可能性が大である。至急の調査をお願いする。
（取引内容を記述）

当依頼に先立ち、日本ＩＢＭ社長には直接調査依頼済みである。

（社長宛スピークアップの内容を記述）

会社としては、営業管理部門を中心に不正を疑われる状況を把握したが、他社にまで調査権がないため、徹底解明には至っていない。

（営業管理のニュースレターを添付）

●状況発生の原因

ＩＢＭではこの数年「市場のシェア一位奪還」の掛け声のもと、毎年毎年営業の目標設定が過大となり、押し込み販売、売上の早期計上を営業部全体がやらざるを得ない状況になっている。

営業は、インセンティブ・プランが売上と連動して給与支払いがされるため、常に売上高の増大を計ろうとする。

●写し　谷垣財務大臣／中川経済産業省大臣

写しに大臣を入れたのは、それまでの経験で、行政機構に書面を出す場合、上位の責任者の名を入れておくと効果的という認識があったからである。財務大臣は国税庁担当、経済産業省はＩＴ業界の監督官庁ということで入れた。

このスピークアップの結果であるかは実証できないが、二〇〇四年一二月二九日の日経新聞に次のような記事が掲載された。

R社売上高を下方修正
二〇〇四年九月中間六九億円減額
仲介のみの取引は販売代金を除外

R社は二八日、すでに公表済みの二〇〇四年九月中間期の売上高を六九億円下方修正すると発表した。情報機器・ソフトウェア販売で、仲介取引の場合は販売代金を売上高から除外し、手数料だけを売上高に計上する方式に変更したため。

「日本公認会計士協会が情報技術（ＩＴ）企業の売上高調査に乗り出すこともあり、取引を自主点検した」という。

九月中間期の連結売上高は一〇六七億円から九九八億円に、二〇〇五年三月期の連結売上高予想も二一五八億円から二〇七〇億円に、それぞれ修正した。

同社は取引先より「R社が間に入ると信用補完になる、との要望があった」（企画部）として情報機器・ソフトウェアの販売仲介を積極化。訂正前では情報機器・ソフトウェア販売の売上高は九月中間期で前年同月比二三パーセント増と、売上高をけん引していた。

ＩＴ企業間の取引を巡ってはシステム開発会社メディア・リンクスの粉飾決算などを受け、売上高の水増しにつながるような実体の乏しい取引が問題視している。

私はこの記事を見て、頭の中が真っ白になった。

R社は、私のスピークアップの中で、不正取引が疑われる顧客として名前を挙げた企業である。そのR社が、年末ぎりぎりの時期に決算修正を発表した。何かマスコミに追及されたくないというような意図があるのではないか？　当時の日本には、米国SOX法のような、厳しい法律はない。それなのに早々と九月中間決算の下方修正を行ったのはなぜか？

それにひきかえ、SOX法が適用される米国企業であるIBMは、同様な事件が発生していることが間違いなさそうなのに修正を行っていない。このままではコンプライアンス違反として摘発されるのではないか？

そのようなことになったら、IBMを愛しているQさんに申し訳ない。私を含め何だかんだぶつぶつ言いながら、IBMが好きでしょうがない社員たちにとっても、IBMが不祥事に巻き込まれるのは許しがたい。遠い存在ではあるが、IBMのCEO・CFOも処罰されないで欲しい。

こうした考えが脳裏に去来した。

社員としていったい何をしたら良いのか？

一月の決算発表まで残された時間は余りにも少ない。

大至急、エスカレーションしようと考えた。エスカレーション先は、国税庁長官で写しに入れた方々である。書面に写しを入れておくと、このような事態になったときに、効力を発揮する。

## 次の一手は「行政機能の利用」

同僚と共に発見した不正取引の可能性について、まずは社長にスピークアップを行った中田さん。社内調査が行われることになり、結果が出たように見えました。しかし、大規模な不正のおそれがあるにも関わらず、業務管理ニュースとして発信されたのは「適切な売上計上を行っていただくようお願いいたします」というメッセージ。過去にさかのぼって不正を明らかにしたのか、対応策はどのようにするのか、などという点は示されませんでした。

中田さんはこのことに危機感を持ちます。IBMは国際企業で、本社は当時コンプライアンス違反に対して厳しい法律が適用され始めた米国にあります。IBMという会社とそこで働く自分たちを守るためには、日本で勝手に「大丈夫だろう」と楽観視するわけにはいかない、という事情が、中田さんを次の行動に向かわせました。それが「行政機能の利用」です。

本書には、中田さんが実際に提出した文書が掲載されています。要約のものも、ほぼ全文というものもあります。

このような正式な文書に苦手感を持つ人は少なくありません。特に日本では「阿吽の呼吸」「暗黙の了解」などという言葉が幅を利かせています（この言葉そのものは使わない若者でも「空気読めよ」と言えば通じるところに、文化というものの根深さを感じます）。対立はもとより、明確な証拠をもとに交渉することや、合理的に解決方法を見出すことはあまり好まれない傾向があります。

しかし、困ったことが起きた時、効力を発揮するのはこのような正式文書です。苦手だからと敬遠せず、できるだけ積極的に触れておきたいものです。また、大人が苦手感を持つ現状をそのままにしていると、若者は「やっぱり空気の方が大事だな」と思うようになります。彼らは、問題が起きた時、真っ先に犠牲になるのは弱い立場の自分たちであり、空気を読む行動は「あのときNOと言わなかった」と利用されることを知りません。適応するばかりでなく、抵抗する手段の大切さを伝えたいものです。

## 五．財務大臣・経産省大臣へのスピークアップ

二〇〇五年一月中旬、財務大臣・経産省大臣・証取監視委員長に書面を送付した。証取監視委員長も宛先に入れたのは、R社が東証一部上場企業であることと、当時IBMはまだ東京証券取引所に上場されていたからである。

書面の主旨は次のようなものである。

●宛先　谷垣財務大臣／中川経済産業省大臣／高橋証券取引等監視委員会・委員長
●表題　日本IBMでの不正取引調査依頼
●内容　二〇〇四年一一月末、書面で調査依頼したが、取引相手先R社で新聞記事のように中間決算の下方修正がされた。
（二〇〇四年一二月二九日　日経新聞の記事を添付）

日本IBMにおいては、R社担当の営業部長および担当者が懲罰処分を受けたとの噂はあるが、決算修正は行われていない。

当方が指摘した範囲外でも広範にしかも構造的に不正取引が行われている予兆がある。早急かつ厳格な調査を願う。

二月二八日までに何らかの具体的な調査の進展がない場合は、ＳＯＸ法違反の容疑で米国ＳＥＣに調査依頼を考えている。

●写し　小泉総理大臣／国税庁長官

写しに総理大臣を入れたのは、ＳＥＣに依頼する場合のことを考えたためである。ＩＢＭの現地法人の一社員からの要請では、ＳＥＣは反応しないだろう。しかし、この後、総理大臣宛に調査依頼を行い、その次にＳＥＣにエスカレーションすれば、多少は注意を惹くことができるだろうと考えていた。

## 六．社長からのレター

二〇〇五年二月二五日、日本ＩＢＭ大歳社長より次のようなレターが社員に出された。私にしてみれば、待ちに待ったレターである。

ＩＢＭコーポレーションの二〇〇四年決算に関する後発事象

本日（日本時間二月二五日午前五時半）ＩＢＭコーポレーションは「二〇〇四年決算に関する後発事象」として下記の内容をＳＥＣ（Ｓｅｃｕｒｉｔｉｅｓ　ａｎｄ　Ｅｘｃｈａｎｇｅ　Ｃｏｍｍｉｓｓｉｏｎ）に届け出るとともに、ＩＢＭの投資家向けＷＥＢサイトに公表しました。

「ＩＢＭは二〇〇五年一月一八日（米国時間）に二〇〇四年第四・四半期および通年決算のプレス・リリースならびにＦｏｒｍ８―Ｋ（臨時報告書）の報告を行い、その後、日本における他社製ハードウェア販売に関する見直しを実施しました。その結果、日本ＩＢＭの一部社員の行為がＩＢＭの社内規程に従っておらず、不適切であったと判断いたしました。ＩＢＭは適切な処分を行います。

これにより、グローバル・サービス部門の通年売上およびコストが共に二億六〇〇〇万ドル減少します。今回の修正のうち五〇〇〇万ドルは、発表済みの二〇〇四年第四・四半期決算において既に反映されており、二〇〇四年通年の売上およびコストは二億一〇〇〇万ドルの減少が追加となります。この追加の二億一〇〇〇万ドルは米国のGAAP（一般に公正妥当と認められた会計原則）で定められたTypeIの後発事象にあたり、二〇〇四年度の財務諸表に反映する必要があります。その結果、グローバル・サービス部門の通年の売上およびコストが二〇〇四年の第一・四半期に七五〇〇万ドル、第二・四半期に五五〇〇万ドル、第三・四半期に八〇〇〇万ドル減少します。総利益、継続事業による利益、キャッシュフローの減少はありません。」

今回の件は誠に残念なことであり、関係した社員に対し適切な処分を下す予定です。この事実を日本IBMグループの皆さん一人ひとりがしっかりと認識し、本年の日本IBMグループ方針の一番に掲げた「オープンに語り合う健全で明るい組織風土の醸成」に向けてさらなる努力が必要です。

この件で、IBMはSOX法違反に問われなかった。日本国内では完全に把握できないが、違法にならなかった理由は、この修正が臨時報告書に対する自主的修正だったためと推定される。もし、正式報告書提出後に、この件が発覚したとなれば、米国ＩＢＭのＣＥＯ・ＣＦＯも何らかの処分は免れなかったと思う。

米国ＩＢＭは危機を免れたが、日本ＩＢＭでは社内規程違反ということで、大量の処分者が出た。

三月三一日に役員の退任が発表された。私がスピークアップの文書で指摘した金融担当役員、管理担当役員は退任したが、サービス担当役員は退任しなかった。これは意外だった。

私は、事業部長代理としてサービス担当役員主催の販売予測会議に出席した際、当事件への関与を感じさせる発言を聞いたことが幾度かあった。そのため、彼が退任しないのは意外であり、私以外でもそのように思っている社員もいた。

しかし、日本ＩＢＭは懲罰については公表していないので、私は調査の経過・結果はまったく知らないままである。ＩＢＭは常にコンプライアンスには厳しくかつ公正に判断する会社であると信じているので、それ以上推測することは止めにした。

他には営業管理担当役員が退任した。これは、どちらかというと意外であった。なぜなら、営業管理は営業・販売関連で問題が発生した場合、その調査のまとめ役をし、懲罰委員会にその処分を答申する立場にあると考えていたからである。

ただ、今回の事件は大きいため、ＩＢＭ本社も直接からんだ大調査になったと推定される。その結果、営業管理が本来果たすべき役割である「営業部門の不正行為の事前防止」に十分な機能を発揮しなかったため、責任を問われたことはあり得る。その後、営業管理部門の機能は、法務部門に統合されることになった。

さらに、日本ＩＢＭのセールス&サービス・管理・マーケティング等の最重要ポストの役員が米国ＩＢＭより派遣され、経営陣が刷新された。

私が行ったスピークアップについて、当事件が発覚する原因になったと思う方もあるかもしれない。実際には、スピークアップがなくてもいずれ発覚するものであったと考えている。そして、発覚が遅れれば、さらに金額が大きくなり、明らかなＳＯＸ法違反になっただろう。心ならずも処分を受け、ＩＢＭに不満を持った社員もいたと思う。しかし、ＩＢＭがＳＥＣの捜査を受けないで済んだのは幸運だった。これがＳＯＸ法の本格適用開始前でなく、また、臨時報告書の決算内容修正で対応できなければ、もっと大規模な、重い処罰が下されただろう。心情的に受け入れがたいかもしれないが、いずれ理解が得られると信じている。

三月二九日、ＩＢＭは東京証券取引所における普通株式の上場廃止を自主的に決定し、五月に上場が廃止された。廃止理由は、上場に係る時間および費用を考慮した結果、近年フランクフルト、ウィーン、スイスの各証券取引所で株式上場を廃止してきたのと同様の理由とのことだった。東証上場・外国企業の中で、ＩＢＭ株の取引はかなりの売買高があったので、株主には上場廃止が唐突に感じた方もいたと思う。上場廃止後はニューヨーク証券取引所での取引のため、配当に対する課税率が上がり、売買手数料も増額となるため、困惑された株主もいただろう。

その後、日本国内では、公認会計士協会が「米国では仲介取引は手数料のみを計上するが、基準のない日本ではソフトや情報機器の代金を含めた総額を売上高として計上するのが一般的で、売上高水増しの温床になっている」と認識し、企業会計基準委員会に早急に設定するよう要請した。また、東証でも経営者に財務諸表の宣誓書を求め、新会社法でも内部統制につき経営者の署名を求めるようになった。

## 七．総理大臣へのスピークアップ

二月二五日の社長からのレターにより、当事件は一件落着と考えたが、私はＩＢＭ株主の一人としてやっておきたいことがあった。

当事件について、ＩＢＭは全力で調査をして結論を出した。しかし、今後、見落としが発覚しないとは言い切れない。強制調査権がない民間企業において、架空取引の調査は極めて難しい。万が一の事態に備えて、ＩＢＭのコーポレートガバナンス（企業統治）は高レベルであることを訴えたかった。

ＳＥＣがＩＢＭを追及してきたとき、少しでも会社をバックアップする材料を残すということである。そのために、当事件の疑問点をまとめ、日本の行政の最高責任者・総理大臣に調査依頼を行うことにした。その結果、何もなければ、将来問題点が発覚し、ＳＥＣがＩＢＭの調査をしても、企業としては限界までできることは行ったとの証明になる。

それが、株価を落とさないことにつながると考えたのである。

二〇〇五年二月二八日、小泉総理大臣宛に次のような趣旨の書面を出した。

●宛先　小泉総理大臣
●表題　日本ＩＢＭの二〇〇四年度不適切会計処理の詳細調査依頼
●内容　二〇〇五年一月一六日、小泉総理に書面を送付いたしました。二月二五日、日本ＩＢＭの二七〇億円という多額の二〇〇四年度不適切会計処理が発表され、米国ＳＥＣにも届出が行われました。

ＩＢＭは倫理観が高く、また常日頃よりコンプライアンスを徹底しているＥｘｃｅｌｌｅｎｔ Ｃｏｍｐａｎｙなので今回の調査も迅速かつ徹底して行われたと思います。

ただ、誠に遺憾ながらあくまで外部に調査権を持たない一企業内での調査なので、業務処理プロセスに準拠するＥｖｉｄｅｎｃｅがあればそれを信じざるをえず、それを前提としてＥｖｉｄｅｎｃｅをそろえた社内の違反者がいる場合は、会社として対応は極めて困難となります。

そのような社内違反者がいるとは思いたくありませんが、状況としては次のようなものがあり、本当に架空取引はなかったのかとの疑問も残ります。

このような調査はどこの行政機関に依頼したら良いかわかりませんので、小泉総理より担当部署に回していただきたくお願い申し上げます。

小泉総理におかれましては郵政改革にお忙しいとは思いますが、処理のほどよろしくお願いいたします。

●添付資料　国税庁長官宛書面／財務大臣・経産省大臣・証取監視委員長宛書面／IBM営業管理メモ／「日本IBM不適切売上計上二七〇億円」新聞記事／「R社九月中間六九億円減額」新聞記事

●写し　財務大臣／経済産業省大臣／国税庁長官／証取等監視委員会・委員長

私としては、当事件が、企業の力では容易に防止できない、社員個人に起因することを訴えたかった。どんな企業にも悪事を働く社員はいる。しかも、どちらかといえば凡人ではなく、極めて優秀な社員が、複雑かつ巧妙に悪事を働くことが多い。ＩＢＭ経営者がその行為のすべてを想定し対応することは極めて困難であろう。

この文書を出すにあたり、私が最も恐れていたのは架空取引の発覚であった。二七〇億円もの不適切会計処理が単に社内規程違反だけとは考えにくかったためである。しかし、この書面が無視されたのか、処理されたのかはわからないが、その後、ＩＢＭが新たな修正報告をすることはなかった。

かくして、私の一年におよぶコンプライアンスのための活動は終了した。

# 第四章　当事件発生の原因

当事件がなぜ発生したか？

一連の活動が終わったところで、私なりに状況を分析してみた。一社員にすぎない私が持っている情報は極めて少ないが、当事者としての知見を述べたい。

## 一．環境

日本ＩＢＭ在籍当時、ＩＢＭという巨大な組織の中で、一現地会社である日本ＩＢＭの社員として、会社が厳しい目標設定をされ、頑張らざるを得ない状況にあることを痛感していた。このことで経営陣が日夜、いかに苦悩していたかは容易に想像できる。そして、そこに当事件発生の要因の一つがあったと思っている。

ＩＢＭは一九九〇年前半、経営状況が悪化し、倒産・解体も冗談ではないような状況に追い込まれた。私が強烈に印象に残っているのは、株価が大幅に下落し、ＩＢＭ株価の時価総額が一兆円あまりになったことだ。当時はまだ東京で土地価格が一坪一億円のところが結構あったので、箱崎事業所から外の景色を見ながら、

「ＩＢＭの価値はたった土地一万坪か」

かつて世界の市場を席巻したＩＢＭが・・・と嘆いたものだ。

この状況を受けて、一九九三年に登場したのが、ＩＢＭ復興の立役者であるガースナー氏である。ガースナー時代、株式分割などもあり、最悪だった株価は劇的に上昇し、一二〇ドルあたりで落ち着いた。氏はＩＢＭ立て直しの後、経済界でカリスマ的存在になった。

二〇〇三年、ガースナー氏の意を受けてパルミサーノ氏がＣＥＯになった。株価は一度急落し、八〇ドル前後をうろついていた。パルミサーノ氏としてはどうしてもこの状況から脱出したいと焦っていたと思う。私もＩＢＭ株主の立場としては、早くどうにかしてくれという気持ちだった。アナリストも、ＩＢＭが毎回前向きな形で決算内容を説明している割には、業績が良くならないと不満を持っていただろう。

二〇〇五年の第一・四半期に、象徴的な出来事があった。

ＩＢＭは四月五日、ストックオプションやその他の株式関連報酬の会計処理について、費用計上を義務化される時期より大幅に前倒しして実施すると発表し、アナリストや株主を驚かせた。

ＩＢＭの最高財務責任者（ＣＦＯ）は、ストックオプションの費用を分析に反映し、一株の利益見通しを一五パーセントほど下方修正すべきとアナリストに示唆した。しかし、その後発表された決算ではストックオプションの費用は、そこまでの大きな金額でなかった。一部のアナリストは「さえない業績を発表する前にストックオプション費用計上の影響を強調し、ＩＢＭは利益予想を引き下げさせた」とＩＢＭを批判した。

この件で、ＩＢＭは二〇〇五年六月にＳＥＣの非公式調査を受け、二〇〇六年一月にはＳＥＣより正式調査の通告を受けることとなった。最終的には、二〇〇七年六月にＳＥＣは「ＩＢＭは将来の業績を正しく予測するために必要な情報公開をしなかった」と批判しながらも、ＩＢＭと和解したと発表した。

このような環境の中で、米国ＩＢＭが各国ＩＢＭに第一に求めることは、設定された目標を達成し、会社を損益計算書・貸借対照表の上で良好な状況に持っていくことである。

## 二、目標設定

その昔、ＩＢＭの目標設定は、各国ＩＢＭで作成される、二〜三年の事業計画を尊重し、一年単位で行われていた。しかし、ガースナー時代に入ると状況は一変した。会社の立て直しを最優先として、米国ＩＢＭ本社で策定した計画に基づき各国の目標が設定されるようになってきた。

ガースナー氏は目標達成が困難と思う経営者は潔く手を挙げて欲しい、交代要員はいくらでもいる、というようなことも言っていた。会社再建には強力な個性と実行力あるトップによる大改革が必要である。このような方策もやむを得ない時期であったと思う。

その後、業績は順調に回復していった。ガースナー氏が明確な戦略のもとに目標設定していることが判明した形である。ただ、業績は回復してきたが、目標の高さと目標達成に対する困難度は毎年厳しさを増してきた。米国で株主の要求が年々増大していたからである。

その厳しさは、当然、後任のパルミサーノ氏にも引き継がれていた。日本は二〇〇五年になりやっと景気が回復してきたが、それ以前は極めて厳しい経済情勢であった。その中でも日本ＩＢＭは二桁の売上増大と、ＩＴ業界での一位奪還を目標に掲げた。これが今回の事件発生の要因の一つになっていると思う。

二〇〇一～〇四年の日本ＩＢＭの売上高／当期利益は、次の通りである。

二〇〇一年一兆七〇七五億円／一〇六一億円
二〇〇二年一兆五八三四億円／九五一億円
二〇〇三年一兆四九八〇億円／七九三億円
二〇〇四年一兆四六〇九億円／八五〇億円

この数字を見れば、日本ＩＢＭが無理をする必要があることが容易に想像される。

一九九九年に大歳さんは社長に就任したが、その三年後の二〇〇二年から売上高は下降傾向になってしまった。経営者としては、設定目標が達成できない場合はせめて、前年同様の売上にしたいのは当然だ。米国ＩＢＭにしてみれば最低限の目標設定である。

売上／利益目標に対するコミットメント（誓約）は、ＩＢＭでは厳しく管理される。遂行できないと、その明確な理由とリカバリープランを強く求められ、継続的に厳しくフォローされる。

基本的には、コミットメントは実現可能な数字として理解されるが、日本人の場合はどうしても人・金・物という資源を何と保持しながら経営したいし、特に人員整理はなるべくしたくないという気持ちが強く働く傾向がある。

これに反し、米国人はドライで、売上を達成できないなら、人的資源を他にまわし利益を優先的に確保しようとする。人的資源を回す適切な分野がないなら、思い切ってばさっとリストラしてしまう。

さて、二〇〇三年と二〇〇四年の売上の差は三七一億円である。

当事件に関連しては、二〇〇四年十月一日付で「ＶＬＨ／ＶＬＳ　Ｇｒｏｓｓ／Ｎｅｔガイド遵守について」の営業管理メモが出ているので、第四・四半期では不適切な会計処理は防止され始めたはずだ。そう考えると、二七〇億円の不適切な会計処理は、第一から第三・四半期分にあたると考えられる。年間では三六〇億円になる。正に二〇〇三年同様の売上高達成に必要な金額だったのではないか。

## 三．インセンティブ・プラン

ＩＢＭの営業担当の多くがコミッション対象者であり、営業の報酬はインセンティブ・プランに基づき支払われる。ここでは、サービス事業部の代表的な営業のインセンティブ・プランについて簡単に説明する。

営業は目標が未達成のリスクを負う分、達成した場合の報酬が大きく設定されている。同世代の営業以外の人の年収を一〇〇とすると、営業は一〇〇パーセントの目標達成をして年収一二〇となる感じである。

年収のうち営業成績に関係なく固定給として支払われるのは六〇パーセント、コミッションとしては四〇パーセントである。そのため、成績が悪い営業は、生活が極めて苦しくなり、目標達成に邁進する仕組みとなっている。同時に、目標を超えると、超えた分についてはプレミアムがつき、より支払が多くなる仕組みでもある。

目標項目は、契約高／売上高／利益高で、それぞれ三五パーセント／二〇パーセント／二〇パーセントである。残りの二五パーセントは営業担当者個人と上司である営業部長との間でどのような項目にするかを設定する。いずれも、期限内に目標達成できたかどうかで評価する。契約高／売上高／利益高の中で、アウトソーシング・サービスなどの場合は、契約期間が長期にわたるので契約高が重要視されるが、通常は売上高が重要視されることが多い。

このようなインセンティブ・プランの仕組みの中で、営業は生活がかかっているため否が応でも頑張らざるを得ない。当事件のように、一〇〇〇万円の売上を一億円にできるものなら、社内規程を逸脱してでもそうしたい、と思う心情は分からないではないが、やはりやってはいけないことなのである。

## 四．パイプライン管理

ＩＢＭは営業活動の各プロセスをパイプラインの考えで管理している。営業活動は、大雑把に言うと、次のようなプロセスがある。

オポチュニティの発掘↓絞り込み↓責任者の決定↓提案活動↓提案書提出↓契約締結↓機器の納入・サービスの開始↓サービスの完了↓フォローアップ

このプロセスをパイプラインとして管理し、各フェーズの受注／売上計上の確率を統計的に管理していけば、四半期毎の売上の精度を高められるという考え方である。これを毎週開催されるパイプライン会議で内容を討議し、迅速なアクションに結び付けていく。

会議の流れは、部門によって違ってくるが、次のようなものだ。

営業部↓事業部↓役員管轄の事業部↓セールス・サービス事業部↓社長主催会議

これは日本ＩＢＭの例である。五階層にわたり開催されていく。

さらに、日本ＩＢＭの情報はアジア地域をまとめている上位組織に報告され、そこからまた、米国ＩＢＭの本社に報告されていくので少なくても七階層はあると思う。

報告者は階層ごとに、

「どうして目標が達成できないのか？」

「アクション・プランは？」

と追及される。これを、毎週毎週繰り返すのである。

私の記憶では、当初、このパイプライン管理は「次の四半期がどうなるか」を中心に会議が運営されたようだが、営業成績が悪くなるとともにその余裕はなくなる。「今四半期がどうなるのか」が中心話題となり、目標達成が困難になってくると、役員から半分冗談ながら、「毎週ではなく、毎日／毎時間目標達成状況を把握し、がんばってください」と言い始める始末だった。

当事件発生前のことだが、私の上司はこのパイプライン管理の会議資料をまとめ始めて半年あまりで体調を壊し、私が引き継いだ。私は一年かけて慣れることができたが、それまでは毎週、準備のため、まる一日ホテル住まいという状況であった。

会議資料をまとめるスタッフ的立場でもこのような状況なのだから、営業担当のプレッシャーは推して知るべしである。このプレッシャーは当事件発生の原因になったと思う。その後、ＩＢＭではパイプライン管理の弊害に気がつき始め、何とか簡略化しようと努力はしているようである。

## 「マトリックス経営」と「パイプライン管理」で消耗・・・

当事件は二〇〇四年に端を発しています。ＩＢＭのＣＥＯがルイス・ガースナー氏からサミュエル・パルミサーノ氏に交代した翌年です。この二人の経営者が行った改革は様々あり、それぞれに成果を上げたことで有名です。しかし、トップが入れ替わると組織には波が立ち、その影響は現場のスタッフにも切実に感じられます。この項では、中田さんが特に触れている「マトリックス経営」と「パイプライン管理」について補足します。いずれも現場担当者に追加の負担が生じるので、これらが交互に、あるいは同時に求められるのでは、いかに優秀なビジネスパーソンでも消耗するだろうと思われます。

●マトリックス経営

マトリックス組織を活用した経営のことです。マトリックスとは二つの基準を組み合わせてつくる基盤という意味です。例えば、事業別に編成された組織で各事業部が全国あるいは世界的に展開しているとします。その場合、各地あるいは各国で事業部ごとに拠点を持つのは、顧客の側から見ると非常にわかりづらく不評になりがちです。マトリックス組織とは、各事業部に属する担当者を、その場所を管轄する責任者の指揮下に置くというやりかたです。現地での状況把握とそれに基づく指示・命令は最も近いところにいる責任者が行いますが、物理的に離れている各事業部の責任者も、それぞれの範囲に関わる状況は把握しているというものです。

メリットとしては、事業部ごとに拠点を設けるよりも労務管理等のコストが軽減できること、業務の進行をチェックする際、複数の事業部の視点が得られることなどがあります。しかし、担当者にしてみれば、複数の上司が別々の場所にいることになり、有効なサポートもあり得ますが、報告等の負担も増える、というデメリットがあります（上司どうしの人間関係など、業務と関係ないものも大きく影響してきそうです）。

●パイプライン管理

パイプラインという語は、もともとエネルギー業界から出ています。石油や天然ガスなどを遠方まで送るために、数百ｋｍにわたって設置される大規模な管（パイプ）のことです。「パイプライン管理」は、営業プロセスをこのパイプラインになぞらえて、業務を管理する手法です。

前提として、営業の基本的な流れを「初回訪問→製品提案→見積もり提出→プレゼンテーション→受注（失注）」のように設定します。管理者は、このプロセスの段階ごとに、状況を可視化するレポートを、担当者から提出させます。そして、レポートに基づいて目標設定あるいは修正を適宜行い、効率的なマーケティング活動を行うというものです。

メリットは、適切な目標設定や行動計画ができるということですが、担当者にしてみたら顧客に向けた営業活動と並行して、社内向けのレポート作成も行うので、やはり負担が大きくなります（この手法が普及するに従い、レポート作成ツールの開発・販売や、レポート作成アウトソーシングといった新しいビジネスが生まれています）。

## 五．リストラ

これが直接的に当事件に影響しているかは分からないが、心情的に追い詰められ、無理をする要因にはなっていそうである。

個人的な印象であるが、ガースナー時代には早期退職プログラムについては、時期及び内容が公表され、オープンに進められていたと思う。しかし、結果的に、会社としては残って欲しい優秀な社員が率先して手を挙げ、十分な退職金を懐に入れては退社していく例が数多くあったのではないか。

その影響もあるのか、パルミサーノ時代になると、プログラムは公表されなくなり、早期退職に伴うインセンティブも少なくなっていったようだ。その変化は、公表されなくても社員はなんとなく感じ取っていて、常にリストラに怯え、モラルもモラールも落ちていくようで、雰囲気も暗くなった気がする。設定された目標だけを見て行動するようになり、会社全体、社会全体ではどうなるのか、というような方向に目が向きにくくなったのではないか。

そして、今回のような事件が発生しても、どのように対処していくべきかを考える際の思考の範囲を狭くしていると思う。

リストラのプロセスが公表されなくなった後の様子を見ていると、実際には成績不良者を主な対象として実施されていたように思われる。その結果なのかどうか、私の知っている範囲だけでも、本当に実力があり、リスクはあるが大きな仕事を期待できる社員が、着実に成果を上げられる範囲でしか仕事をしなくなる傾向が目につく。成果主義の弊害ともいえる。

成績不良者を安易にリストラしようとする発想はおかしいと思う。NHK「プロジェクトX」などでも紹介されているが、どちらかといえば成績不良者として左遷されたような人材が、後に思わぬ形で会社の困窮を救う例がたくさんある。ただ利益確保のために、安易にリストラするのは、経営者自ら「プロの経営者ではない」と実証しているようなものだ。

二〇〇六年一月、日本経団連の記者会見で奥田碩会長（当時）より次のような発言があった。

「日本経済が長期にわたる経済低迷を乗り切ることができたのは、われわれ民間企業が日本的経営の根幹である、人間尊重と長期的な視野に立った経営の理念を堅持してきたからだ」

「プロの経営者」とはこのような方のことだろう。奥田会長にはそれ以前「社員を首切りするなら経営者が切腹せよ」というような発言もあったという。実際は企業再建のため、リストラが必須要件のこともあると思うが、心構えとして、このようにあるべきということだ。

## 六．ガースナー時代／パルミサーノ時代

前項まで述べてきた、当事件発生の原因に対する苦言は、日本ＩＢＭの経営者に向けてということではなく、米国ＩＢＭの経営者を念頭に置いていっている。そこで、私が気になったガースナー時代とパルミサーノ時代の対比について述べてみたい。

対比するのは、「マトリックス経営に対する姿勢」「市場に対する考え方」「総合力に対する考え方」という三点についてである。これらについて、ＩＢＭ社内の人間とＯＢ、いずれも複数に意見を求めたところ、賛同してくれる人が多かった。

「マトリックス経営に対する姿勢」について、ガースナー氏はマトリックス経営の弊害を十分に認識し、その運営を行っていたと考えている。

ガースナー氏の就任以前から、ＩＢＭのマトリックス経営は高い評価を得ていた。一九八〇年初頭、私はある大手の総合研究所を営業として担当していた。営業活動の一環で、お客様の常務の方にＩＢＭを知っていただこうと、米国およびヨーロッパのＩＢＭを視察するツアーをセットアップした。常務の方はツアーに参加して、非常に感激してくださった。その

理由を尋ねると一言「ＩＢＭのマトリックス経営は完璧ですばらしい」とのことだった。その方が説明してくれた要点は次のようなものだった。

「ＩＢＭは独占禁止法の関係で、通常の企業以上に、各国の現地会社の経営状況を十分に管理しなければならない。しかし、縦のラインだけで管理した場合、現地会社で不都合なことが発生した場合、現地会社の経営陣からの報告の真偽が判断できないという欠点がある。虚偽の報告を防止することと、世界各地の現地会社をより一体化させて経営戦略を展開するために、ＩＢＭ本社／地域会社／現地会社の組織を機能別にとらえて横のラインとし、それを管理している。

現地会社の管理において、縦のラインと横のラインによるマトリックスを活用することで、縦のラインで白と見えても横のラインで灰色と見える、というように、問題を発見しやすく、対応するための迅速な行動が可能になる。この経営手法が、ＩＢＭを超優良企業にしている源泉だ。」

このように高評価を得ていたＩＢＭのマトリックス経営であったが、その後、市場での競争が激化して状況が変わった。競争力を高めようと、マトリックスのメッシュをより細かくしたり、横の機能の強化を図ったりしたが、社内はその複雑な管理体制で混乱した。結果としては、会社を不振にした要因の一つになったと思う。

私は、一九九三年にガースナー氏が就任したとき、この課題にどのように取り組むか、非常に興味を持っていた。ガースナー氏の方針は次のようなものだった。

「世界各国のＩＢＭを回ったが、現時点でＩＢＭを管理する方法として、マトリックス経営以上のものは見出せなかった。弊害はあるが、それを、認識しこの経営手法を有効に使っていきたい」

「弊害はあるが、使っていく」がキーワードである。

私は、これは現代社会の民主主義と同じような気がする。民主主義もこれでもう完璧という制度ではないが、他の方法も見出せない。うまく使っていくことが重要である。

さて、パルミサーノ時代になるとどうなったか？　感覚的な表現で申し訳ないが、弊害があることが忘れ去られたのではないだろうか。まあなんと社内の仕組みが複雑になったことか。一九九〇年前後のＩＢＭが不振だった頃に戻ったような感じだった。

「市場に対する考え方」について、ガースナー氏は実に明快であった。一言「われわれのやるべきことのすべてを決めるのは市場である」という言葉に、私は、本当にこれがすべてであると感じ入った。

これに対し、パルミサーノ氏は、「営業・技術者共にお客様に接する時間が少ないから改善しろ」と言う一方で、「パイプライン管理は重要視せざるを得ない」とも言っている。そのため、上から下まで相変わらず「パイプライン管理」の資料作りで四苦八苦であり、なかなか市場に行けなかった。

ＩＢＭが考えるソリューションが本当に受けいれられているかは、市場に行かなければ検証できない。私は、社長は一〇〇〇億円の商談、役員は数百億円の商談、事業部長は数十億円の商談に対し、年間五つ程度責任を持ち、市場に行くべきだと思う。

それをやるためには、毎週毎週膨大な時間をかけて「パイプライン管理」をしている時間はないだろう。その代わり、市場の真の状況を把握できるため、効率的な「パイプライン管理」ができる。

パルミサーノ時代になり、市場に対する考え方が、ガースナー時代と逆転してしまった感じである。

「総合力に対する考え方」もまるで違っていた。

一九九〇年初頭、IBMは財務改善の理由で各ビジネスユニットをバラ売りせざるを得ない可能性があった。ガースナー氏は就任してすぐ「IBMの魅力は総合力である」との結論を出し、バラ売りを防止した。

しかし、パルミサーノ時代になると、液晶パネル／半導体／ハードディスク／PCなどの部門が次々に売却されていった。その資金をもとに企業買収を行うという戦略ではあるが、その成果は今一つのような気がする。

ここまで、私の個人的な印象でパルミサーノ氏のことを述べてきたが、周知のとおり、パルミサーノ氏は米国の国家戦略にも影響を与えるほどの人物である。

米国では産官学の有識者によって組成された、競争力評議会が中心となり、多くの提言がなされ、連邦政府の政策に少なからぬ影響を与えている。二〇〇四年一二月、競争力評議会は米国が競争上の優位を維持するためにはイノベーションの促進が不可欠との調査報告を発表した。この報告書は評議会委員長の名をとり「パルミサーノ・レポート」という。

その提言内容を、日本政策投資銀行のまとめから抜粋して紹介する。

人材：イノベーションにとって最も重要な要素

・多様性に富み革新的で熟練した労働力の創出のために国家的イノベーション教育の戦略を構築すること

・次世代のイノベーターを育てること

・グローバルな競争にさらされる労働者に対する支援策を講じること

投資：

・先進的・分野横断的な研究を活性化すること

・アントレプレーナーシップのある経済主体を増加させること

・リスクを積極的にとった長期的投資を強化すること

・インフラストラクチャーへの投資

・イノベーションを通じた成長戦略について国家的なコンセンサスを醸成する

・知的財産権に関する制度を整備する

・規格の統一等米国の生産性能力強化のインフラを整える
・医療分野をモデルとしてイノベーションのためのインフラ整備をケーススタディ的に行う

安倍内閣になってから、しきりに「イノベーション」がキーワードとして取り上げられているが、アイデアの源泉はこのレポートにあるのではないかと私は推定している。

# 第五章　コンプライアンスを成功させるには

当事件は、発生したものの、結果的にはＩＢＭはＳＯＸ法に違反することなく、コンプライアンスを成功させることができた。これは、一朝一夕にはなし得ないことである。そのための地道な努力があることについて述べたい。

## 一．経営理念と社風

ＩＢＭには「Ｔｈｉｎｋ」という基本理念と、「最善の顧客サービス」「完全性の追求」そして「個人の尊重」という三つの経営理念がある。

「Ｔｈｉｎｋ」は創業者ワトソン・シニアが提唱したものだ。彼は、勤勉、労働環境の整備、公正、正直、尊敬などの哲学と価値観に基づいてＩＢＭを経営した。米国の企業としては珍しい、独自の終身雇用制度は当初から運用されていた。

「Ｔｈｉｎｋ」とは各人によりどのようにも捉えることができるし、どのように考えることもできる非常に奥深い理念であると思う。残念なことに、その意味するところついて、日本ＩＢＭ社内で話題になった記憶はあまりない。さらに、ガースナー時代になると、過去を清算する意味もあるのか、理念は強調されなくなり、新入社員研修では、社長方針のようなものが強調されていた。

しかし、私はこの簡潔だが分かりにくい基本理念をいつも頭の中に置いていた。当事件において、私がコンプライアンスのために行動した原動力は、社長方針ではない。「Ｔｈｉｎｋ」に基づき、考えに考えて「社会の一員である会社は、社会のルールに正当性がある場合は、それに違反すべきでない」と結論を出し行動したのである。

「最善の顧客サービス」は、ワトソン・シニアの哲学にある「完璧な顧客サービス」に由来していると思われる。「完全性の追求」はある目標設定をし、それが達成したらまた次の高い目標に向かい続け、現状に満足することなく完全を求めるという意味だと思っている。例えば、品質管理においてゼロディフェクト（不良や欠陥をなくす）を追求するような行動である。

「個人の尊重」を経営理念とする会社に入れたことは、私にとって幸運だった。

営業担当をしていた頃、顧客の内示書偽造について営業仲間で論議したことがあった。当時は、顧客の内示書を営業成績とすることができた。そのため、期末になるとどうしても成績を上げたいので、顧客のキーマンに内示書をお願いしにいく。もちろん、必ずしも内示書をいただけるとは限らない。しかし、内示書はなくても、次の四半期で正式契約できる確率が九〇パーセントという場合がある。

この場合、営業担当としてどのような行動をとるか。

論議していた七人の営業のうち、優秀な二人が、

「リスクを負うのが営業だ。ほぼ取れるのだから内示書は偽造する」といった。

そうすると、その意見に引かれて四人が自分もそうすると言う。結局、絶対にやらないと言ったのは私一人だった。

もう時効だと思うのだが、実際にそのような事態になったとき、各営業は自分の言葉どおり偽造をした。

私は、営業課長から

「なぜお前はやらないのか」

と問われ、

「法律違反の私文書偽造をするくらいなら営業は辞める」

とはっきり言った。その後、この件について営業課長は何も言わなかった。

IBMがすばらしいのは、そのような正論を言っても、干されたり、左遷されたり、いじめに遭ったりということがなかったことである。おかげで、私は青年時代の正義感と追求心

を退職するまで持ち続けることができたのである。もともと自分に備わっていたものを、会社が認める「個人の尊重」という社風がわかる出来事である。

不正が身近で発覚したとき、社員はどう反応するか。感覚的であるが次のようにとらえている。

会社なんてこんなものと許容する者二〇パーセント、無関心者四〇パーセント、いけないことだと思いつつ行動しない者三〇パーセント、何らかの行動をする者一〇パーセントという割合である。

しかし、何らかの行動の中には、周りの人に意見を聞いてみる、管理者に飲んだ勢いで絡む、担当部門にスピークアップする、という程度の行動も入る。実際にコンプライアンスを追求して行動するのは一パーセント程度ではないか。

この、一パーセント程度の社員をつぶさないでいられるかが重要であり、経営者はその点を念頭においた仕組みを作っておく必要がある。ＩＢＭには、そのような社員を残せる経営理念と社風が残っていると思う。

オッドマン仮説（Ｏｄｄ　Ｍａｎ　Ｔｈｅｏｒｙ）という言葉がある。作業等のチームを編成する際、専門外の人間を一人加えると、より効果的な結果が得られるという仮説で、その専門外の人間をオッドマン（Ｏｄｄ Ｍａｎ＝変わり者）と呼ぶものである。もとは、あるＳＦ小説に登場する架空の専門用語だが、広く人口に膾炙している。本当かどうか、ＮＡＳＡがスペースシャトルの乗員を決める際に活用しているという話もある。

企業の場合で言えば、均質な社員だけでは、いくら優秀な者を集めていても活性化／変革は難しい。ある比率でオッドマンを入れることで、発想／行動を多極化させ、組織に刺激を与えることにより多元的に対応していく必要がある。

最近は、優秀ではあるが均質な社員が増えてきており、また、リストラが常態化しているためか、オッドマンが少なくなっているのではないだろうか。

個人を尊重するＩＢＭには、すべての社員が「さん」づけで呼び合う習慣がある。新入社員でも社長を「さん」づけで呼ぶ。新人営業だった頃は頭が混乱し、顧客に対しても「さん」づけで呼び、営業課長に注意された。私にとっては古き良き思い出である。

「さん」づけは、上下関係に壁を作らず、自由な発想で応対する雰囲気を作る。この社風があるから、私は社長に対し、何の躊躇もなくスピークアップできた。

一般社会でも、権威主義にとらわれないために「さん」づけの習慣を普及させたら良いと思う。蛇足であるが、私はＩＢＭを退職後、政治の世界に少しかかわっていたときに、現・立憲民主党代表の枝野幸男さんにお会いした。当時すでに衆議院議員五期目で、政策調査会長／幹事長代理／憲法調査会会長などを歴任しておられ、極めて優秀な中堅の人、という認識であった。

枝野さんの講演会に参加したとき、その理路整然とした講演内容と、実行を伴う理念・頭の回転・的確な質疑応答に感嘆した。講演終了後、質問したい点があるため「枝野先生、質問があるのですが・・・」と言うと、開口一番「先生は止めてください。枝野さんと呼んでください」と言われた。この一言が、非常に新鮮かつ若々しい印象で、さらに好感を持ち、枝野さんのファンとなった。

## 二、企業行動基準（ビジネス・コンダクト・ガイドライン）

ＩＢＭがコンプライアンスのために最も誇れるのが企業行動基準である。当事件において私が行動を起こし、社内で始めたスピークアップを行政機関にまでエスカレーションすることができた原動力でもある。

企業行動基準は、日本ＩＢＭのホームページで「ビジネス・コンダクト・ガイドライン（ＢＣＧ）」として掲載されている。ここまで高邁かつ明確に企業行動基準を設定している企業は、日本では珍しいと思う。是非ご覧いただきたい。

ＩＢＭの企業行動基準は、一九六〇年に明文化されて以来、時代の変化等に応じて更新されており、毎年、社員一人ひとりが熟読し、遵守するよう義務づけられ、同意の署名をしている。

米国ＩＢＭも各国の現地法人も共通なものを基準とし運用している。各国の事情に合わせて設定するということはない。違反者は解雇その他の懲戒処分の対象となる。当事件の当事者もこの基準に違反したことにより処分を受けた。

コンプライアンスに強いＩＢＭの源泉は、ＩＢＭが世界共通の企業行動基準を持ち、更新しながら、全世界の四〇万人に近い社員に少なくとも年一度は研修を徹底し、確認のために署名を要求する仕組みにあると思う。

日本ＩＢＭではいくつかの事件が発生し若干ぶれているように見えるが、この企業行動基準がある限り、私のようにその真の意味を理解し、改善のための行動をする人材が出てくるはずである。

米国ＩＢＭのホームページは日本ＩＢＭとほぼ同一形式で、企業行動基準の表示も同じである。関心ある方は、内容を比較していただきたい。

米国ＩＢＭのホームページ↓Ａｂｏｕｔ　ＩＢＭ↓Ｃｏｒｐｏｒａｔｅ　Ｇｏｖｅｒｎａｎｃｅ↓Ｂｕｓｉｎｅｓｓ　Ｃｏｎｄｕｃｔ　Ｇｕｉｄｅｌｉｎｅｓ

企業行動基準のうち「ビジネス・プラクティス」とは顧客およびビジネス・パートナーとの取引方法・取引条件等の要請に対するＩＢＭの標準の対応方法につき規定したものである。

ＩＢＭでは、次のような項目から成る。

「はじめに」
「あなたとＩＢＭでのあなたの仕事」
コミュニケーション・チャネル
一人ひとりの行動
職場環境
社員のプライバシー
ＩＢＭ資産の保護
情報の記録と報告
ＩＢＭとしてのコミットメント
「ＩＢＭのビジネスを行うにあたって」
誤解されるような言動を避けること
購買取引先との関係
市場における競争
他の企業との取引関係
他社に関する情報の収集と利用
他人の所有する情報

商標の使用
賄賂、贈物および接待
法の遵守
「私的な活動とＩＢＭ社員としての立場」
利益の衝突
内部情報の利用とインサイダー取引
公共活動
政治活動への参加
近親者が同業他社で働いている場合

「はじめに」の項には、経営者と社員の責任について、次のように述べられている。

私たちは、ＩＢＭ社員として、様々な倫理上および法律上の問題にしばしば直面します。今日のビジネスにおいて私たちがなすべき選択にあたっては、手近な処方箋も自動的に出てくる回答もありません。とはいえ、私たちはそれらの問題をＩＢＭの価値観にそって決断しなくてはなりません。様々な場面で、「ビジネス・コンダクト・ガイドライン」のみが私たちの行動の対する標準規範を示すことができるといえるでしょう。しかし、この指針の元になっているものは、次に挙げる、私たちがＩＢＭ社員として共有している価値観です。

お客様の成功に全力を尽くす

私たち、そして世界に価値あるイノベーション

あらゆる関係のおける信頼と一人ひとりの責任

端的にいうと、私たちの価値観はすべての場面で明らかな答えを与えてくれるものではありませんが、行動にあたりなぜその選択をするのかについての明確な理由を与えてくれるもの、あるいは与えてくれるべきものです。皆さんは「ビジネス・コンダクト・ガイドライン」に記述されていない状況下で選択しなければならない場面に会うことも多いでしょう。しかし、ＩＢＭにおいては、ＩＢＭの価値観が適用されない大きな決断をすることはないはずです。私たちには共有している価値観があるので、「ビジネス・コンダクト・ガイドライン」に反する行動をＩＢＭ社員が行って良いというような状況に出会うことはありません。

ＩＢＭでは会長と上級役員は企業倫理基準を定め、全ＩＢＭ社員に遵守させる責任を負っています。そして、社員一人ひとりは、定められた企業倫理基準を遵守する責任を

負っています。

社員一人ひとりは、すべての場面において法に従い、倫理的に行動すべきです。「ビジネス・コンダクト・ガイドライン」は、ＩＢＭとその子会社の社員が、様々な法律上および、倫理上の問題を解決していくための一般的な指針を定めたものです。社員が、営業や特殊な分野、例えば政府調達や諸規制（環境、輸出、租税、関税など）に関連する分野で働いている場合は、その分野特有のガイドラインにも従わなければなりません。

私たちの業界は、引き続き大きな変化の中にあります。これらの変化は、ＩＢＭの事業活動に形態を複雑にします。当社の事業慣行を常に見直し、その当否を明らかにする必要があるため、このガイドラインの内容は、必要に応じ改訂されます。

このガイドラインは、以下の項目にわけて、私たちが社員としてＩＢＭに対して負うべき責任について述べています。

一人ひとりの行動とＩＢＭ資産の保護

他社とＩＢＭのビジネスを行う際の義務

社員の私的な時間に生じるＩＢＭ利益の衝突その他の問題

私たちの業界は急速に変化しているために、常に倫理上、法律上の新しい問題が生じています。したがって、どのようなガイドラインであれ、あらゆる事態に適用する絶対的かつ決定的なものとみなすべきではありません。このガイドラインの解釈もしくは適用について、またはＩＢＭ、各事業部、子会社もしくは官公庁ビジネスに関するガイドライン、特定の部門が発行する規程・手続きについて何か疑問があれば、所属長または法務・知的財産担当者に相談することが必要です。このガイドラインに違反した場合は、解雇その他の懲戒処分を受けることがあります。

また、私が今回スピークアップを行う判断基準となった項目としては次の二点がある。

「あなたとＩＢＭでのあなたの仕事」「コミュニケーション・チャネル」

もしあなたが法律または倫理に反する事態に気づいた場合、それについて知ったことまたは聞いたことの全てを直ちにＩＢＭに報告しなければなりません。報告の方法はいくつかあります。所属長に報告するのが普通ですが、法務・知的財産担当に相談するか、希望するなら匿名で問題点を提起できる「スピークアップ・プログラム」または「オープン・ドア・ポリシー」の制度を使って、上層マネジメントに知らせることもできます。ＩＢＭは法律または倫理に反する行為について報告を受ければすぐに調査をします。ＩＢＭは報告をした社員に対する脅しや報復行為は決して許しません。

「ＩＢＭのビジネスを行うにあたって」「法の遵守」のサブ項目「会計・財務報告に関する法律」

一民間企業として、ＩＢＭには厳しい会計基準、財務報告の正確性と完全性、法律に則した会計・財務報告を確保するための、適正な社内管理体制・手続きが要求されています。ＩＢＭでは一人ひとりの社員がこれらの要求に応じなければなりません。また、ＩＢＭが会社としてこれらの要求を満たせるように必要なことをしなければなりません。

会計・財務報告に関する規則は収益・経費の適正な記録・報告を要求しています。もし社員がこの分野に責任ある立場にいるか関係がある場合、社員はこれらの規則を理解し守らなければなりません。また、これらの規則はいかなる社員も、ほかの人が不正な会計処理をし、あるいは虚偽または誤解を与える会計報告をする手助けをすることを禁止しています。すなわち、社員はすべての情報について正確で完全な記録・報告をすべきであり、ほかの人が不正確なまたは誤解されるおそれのある情報の記録や報告をする手助けをすべきではありません。さらに、社員はＩＢＭ以外のいかなるお客様、サプライヤー、ビジネス・パートナーに対しても、彼らの収支記録・報告について決して助言してはなりません。

会計・財務報告に関する法律に違反すると、罰金、刑罰、懲役を科せられることがあり、また、会社に対する公的信頼を失うことに通じます。会計または財務報告に関する行為が不適である可能性があると信じるなら、あなたはすぐにＩＢＭに伝えるべきです。

このことは所属長、法務弁護士、内部監査を経由して、あるいはＩＢＭのその他のコミュニケーション手段を用いて管理職に伝えることができます。

もし匿名にしたければ、「スピークアップ・プログラム」を利用できます。質問がある場合は法務弁護士、内部監査にご確認ください

最後に、事件発生後日本ＩＢＭ社内でコンプライアンスの関連でどのような内容の研修が行われたか紹介しよう。

・コンプライアンスとは?
・国内のコンプライアンス違反の事例
・経営課題としてのコンプライアンス
・先進巨大企業の経営方針

・ＩＢＭのコンプライアンス（ＢＣＧ　ｖｓ　ＳＯＸ法）
・ＳＯＸ法（米国企業改革法）
・ＳＯＸ法への対応
・ＳＥＣ売上計上の基本ルール
・ＩＢＭ売上計上の基本ルール
・正しいリスクテイクとは？
・リスクテイクの事例
・ハインリッヒの法則（一：二九：三〇〇）
・カスタマー・クレーム事例
・ＩＢＭ社内の管理強化計画
・公正な取引十戒
・ビジネス・パートナーとの健全なビジネス確立
・下請法（親事業者の義務および禁止行為）
・リスク予防の仕組み
・契約原本回収プロセス改善
・某社粉飾決算疑惑

・個人情報保護法
・損害賠償責任
・健全なビジネス推進のための、各種情報

このような内容の研修を社員は年一回二時間程度受講する。状況により営業部門では二回になることがある。

毎年毎年ビジネスは競争が厳しくなり、システムも複雑になる中で、人的合理化も推進され、プロセスの改善もあり、研修内容も分量が増加する傾向がある。ともすれば、細かいことに関心がいってしまいがちだが、コンプライアンスの重要性は変わらない。社員各人に必要なのは、本当に守らなければならないものは何かの確信を持つことだと思う。

## 三、公益通報者保護法

私が総理大臣にまでスピークアップをエスカレーションしていった行動根拠の一つとして、二〇〇六年四月より施行された、公益通報者保護法が国会を通過していたことがある。この法案の施行が決定していたため、私は、内部告発が企業の不正を明るみに出す手法として市民権を得たと思い、何の後ろめたさも感じずに堂々と胸を張ってエスカレーションしていくことができたのである。

この法律は昨今の企業の不正事件の多発に対し、内部告発が有効との認識のもとに立案された。不正を内部告発した社員を企業が解雇したり、左遷したりすることを禁じている。内部告発のルールを明確にし、企業に証拠隠滅の恐れがある場合は報道機関など外部への告発も保護対象にしている。

二〇〇四年の同法成立時に、国会は企業に対し、内部告発を受けて迅速に調査し、事実ならば是正措置をとる体制を整備するように求めた。各企業は通常の指揮命令系統から独立した、内部通報窓口を設け、弁護士事務所に通じるホットラインを設けるなどの体制整備を進めている。

二〇〇五年一二月二六日の日経新聞に分かりやすく説明されているので引用する。

公益通報者保護法

内部告発のルール整備

ポイント：内部告発者の解雇・左遷は禁止／証拠隠滅の恐れなどあれば報道機関などへの告発もＯＫ／企業は調査結果や改善処置などを告発者に連絡

不正を内部告発した社員らを企業が解雇したり、左遷したりすることを禁じる公益通報者保護法が来年四月に施行される。内部告発のルールを明確化にし、企業に証拠隠滅の恐れがある場合は報道機関など外部への告発も保護対象にした。企業は告発受理の体制を求められる。

同法の目的は内部告発者を守ることで企業などに法令を遵守させること。二〇〇〇～二〇〇二年、雪印食品の牛肉偽装事件や三菱自動車のクレーム隠し事件が内部告発で相次ぎ発覚。企業の不正を明るみに出す有効な手立てと認識されるようになったためだ。

内部告発者として保護されるのは労働者（公務員を含む）、派遣労働者、パートタイマー、アルバイト。退職者も含まれる。自ら不正を是正する立場にあり、株主総会で選任・解任される取締役や監査役は保護の対象外だ。

企業が内部告発を理由に解雇、減給、降格することや、派遣労働者の交代要求、退職者の退職金を没収・減額することなどを禁じた。

ただし、どんな場合でも告発者が保護されるわけではない。企業の信用失墜を狙ったものだったり、他人に損害を与える狙いだったりと「不正の目的」の場合は対象外だ。報道機関や消費者団体などの外部へ告発する場合は要件を厳しくした。

・証拠隠滅の恐れがある
・不利益な取扱いを受ける恐れがある
・企業に告発したのに二〇日たっても調査が開始されない
・個人の生命、身体に危害が生じる切迫した危険がある

などのいずれかに該当するケースに限った。

二〇〇四年の同法成立時、国会は企業に対し、内部告発を受けて迅速に調査し、事実ならば是正措置をとる体制を整備するように求めた。

各企業は翌年四月の施行までの間、通常の指揮命令系統から独立した内部通報窓口を設ける、弁護士事務所に通じるホットラインを設けるなど体制整備を進める。

東京都内のある法律事務所は十数社と契約し、ホットラインを開設した。電話やメール、ファクスで告発を受け付け、事案の概要を聴取。企業の法務部門には告発者の名前

を明かさずに内容を連絡し、社内調査を求める。

取引先と共謀した経費の水増し請求、サービス残業の強要、個人情報の漏洩等々。内容は様々だが各企業とも一カ月に数件から十数件の内部告発が寄せられる。同事務所の弁護士は「企業が内部告発を生かせなければ告発者の不満は外へ向かうと」警告する。

別の大手法律事務所では、ホットラインを開設したのにほとんど利用のない企業もあるという。弁護士は「形を整えるだけではだめで、制度を社内に周知する必要がある」としている。

ＩＢＭにおいては既にスピークアップ・プログラムがあるので、特にこの法律が施行されても対応は必要ないと思うが、敢えて検討課題を言えば、匿名性をより堅持するため、スピークアップコーディネーターは外部の法律事務所の弁護士にした方が良いと思う。

読者の中には、私の行動、特に行政機関に対するエスカレーションは「報道機関や消費者団体などの外部へ告発する場合の要件」に適合しないという方もあるかもしれない。私は法律の専門家ではないが、自分なりに実務的に判断して行動した。

私自身の判断基準は次のようなものである。

・監督官庁にこのような依頼をするのは、国民としての当然の権利である。
・当事件の経緯には他社が関係するため、ＩＢＭだけでは調査が困難である。
・放置していれば米国のＳＯＸ法に違反することは確信していた。

また、ＩＢＭに対しては、一段落した後は自ら名前を公表し、経過を報告することを、当初から行動計画の中に想定していた。本書の執筆については、既に日本ＩＢＭ代表取締役、米国ＩＢＭ取締役に報告済みである。

# 第六章　品質は社長の責任

企業行動基準に関わる問題に気づいたときは、速やかに管理者に報告すべきである。しかし、管理者が興味を持っていないときや、当事件のように組織的に問題行動をしているときには難しい。

ＩＢＭには経営層にエスカレーションする方法として、スピークアップ・プログラムとオープン・ドア・ポリシーがある。ここでは、オープン・ドア・ポリシーとはどのようなものかを述べる。

社員に案内されている内容は次のようなものである。

目的：

良好な人間関係と、社員の高いモラールを維持することは「個人の尊重」と会社の発展に不可欠な要素です。

プログラムのオープン・ドア・ポリシーは社員が問題を持っていてそれが所属長によって社員にとって満足のいく解決がされない場合、直属上長や、問題の解決にふさわしい他の部門のマネジメント、あるいはトップマネジメントに問題を提起し、解決を求めることができる権利を保障しています。

それと同時にオープン・ドア・ポリシーは、人事管理が適切に行なわれているかどうか、言いかえれば、会社が健全であるかどうかを知るうえでの、一つの目安になるものです。

この問題の提起に基づき、問題を解決するに相応しいマネジメントあるいは専門職が選ばれ、調査と問題解決のための処理を行います。

問題の調査と処理：

問題を提起した社員には二四時間以内に訴えを受領した旨、口頭か文書で伝えます。社員の訴えの内容が九〇日以内に発生したものについてのみ取り扱われます。

オープン・ドアを行ったために社員が報復を受けるようなことが絶対あってはならないと考えており、機密を維持することが当プログラムの最重要項目の一つです。

客観的立場のマネジメントあるいは専門職による公正な調査が行われることになりますが、調査を担当するマネジメントあるいは専門職は関係専門職に会う前に問題を提起した社員と連絡を取り、自分が問題の調査を行うこと、直接あって問題を話し合うこと等をしらせます。

原則として一五労働日以内に解決が提示されます。

**調査が完了した時には、調査担当のマネジメントあるいは専門職は、問題を提示した社員に調査の経緯、調査によって明らかになった点、結論を説明します。**

オープン・ドア・ポリシーは、スピークアップ・プログラムと違い匿名性がなく、面談形式プログラムであるためあまり活用されていないような気がする。私も長年ＩＢＭに勤務したが、正式な形では一度も使ったことはない。

ただし、ある程度の効用はあると思う。役員が私の提案を真面目に聞いていない場合、これはオープン・ドア・ポリシーとして、説明していますと言う、あるいは、会議で管理者に問題発言があった場合に「オープン・ドアするぞ」と言って黙らせる、などの経験は何回かある。

昨今、各分野でコンプライアンス違反が発生し、最高責任者が暗い顔をしながら頭を下げている映像が日常的に放映されている。会計的な数字にしか目が届かず、サービス品質、製品品質、管理品質等におけるモラルの低さを露呈するとともに、現場との意識の乖離、コミュニケーション不足を感じさせる。

かつて、品質について、オープン・ドア・ポリシーの考え方を拡大・応用し、上司や仲間から高い評価を受けた経験を紹介したい。

一九八七年に、私はSE部門（システムズ・エンジニア部門）に配属となった。SE部門は現場のSEに技術的な支援をするところで、高い技術水準を持ったSEの中のSEという感じの集団であった。営業出身で、技術的知識に乏しい私には余り相応しくない部門のように思えた。初年度は、システムズ・アシュアランスの規程や、重要プロジェクトの進捗管理方法の大幅改善などを担当した。

二年目からは、IMR（Installation Management Review）という、部門でも重要なプログラムを担当することになった。

IMRは技術担当常務とSE担当責任者の共同で運営されるプログラムである。大きなプロジェクトの導入において、ハードウェア・ソフトウェアを含め、システム上に大きな問題がある場合は、早期に対応してシステム導入を成功させるという会議で、二週間に一度開催された。問題とは、ハードウェア本体・部品の修理・交換の労力やコストが大きい、ソフトウェアのトラブルで技術者・SEの投入労力が増大する、といった事である。私の仕事は、その会議の事前準備・セットアップ・議事進行役・議事録作成・フォローアップであった。

引き継いで三ヶ月ほどして慣れてくると、会議について少し疑問に感じる点が出てきた。それは、技術担当常務とSE担当責任者の話が、どちらもすぐに「予算がない、人がいないので対処が難しい」という方向に向かい、問題が早期に改善されにくい点である。また、製造・開発部門、特に海外の製造・開発部門がからむと行動が遅くなるのも気になった。本来は、まず、顧客の置かれている状況を基本に、営業部門も含めどのような解決がベストかを考える必要がある。しかし、技術担当常務とSE担当責任者は、どうしても自部門の予算・人的資源の方に頭がいってしまいがちであった。

私は、今の社会では当り前になったと思うが、「品質は社長の責任」という明確な考えを昔から持っていた。

大きなトラブルが起きると、解決策が費用の面で部門予算内に収まらないことは多々ある。そこをうまくやるのが、上層部の責任というのは簡単であるが、実際はそうはいかない。損益計算書に影響を与えるようなトラブルも起こりえるのである。

そのような場合に、社長が予算オーバーについて役員を問い詰めるだけであれば、役員は部長を問い詰め、部長は課長を問い詰めるだけのことである。そして、言っても無駄という雰囲気が社内に蔓延し、不正・腐敗が起きることになりかねない。

昨今、社会で起きる不正・腐敗の大半はこのような構図によるものではないか。特に、現場を知らず管理的な面でしか、会社を見ていない社長がいたら、要注意だと思う。本来、大きなトラブルが起きたときにこそ、企業理念、コンプライアンス、社会の反応等々を考え、どのように判断したら良いか考えるのが経営者の重要な仕事の一つである。


さて、ＩＭＲで重要なトラブルが発生したが、社長に報告はされていないことがわかった。議事録の宛先に社長が入っていなかったのである。

私は、自分の上司にＩＭＲの議事録が社長に送付されていないのは問題だと説明し、取り敢えず議事録の写しに社長名を入れることを提案した。上司は「そこまではやらなくて良いのではないか？　社長から質問が来ても面倒だし」と言った。私は、そういう答えが返ってくるだろうと予想していたので、繰り返し「品質は社長の責任」を説いた。

上司がやっと了承し、私はさっそく、議事録の写しに社長名を追加し、三ヶ月ほど議事録を送付したが、何の反応もなかった。これも予想していたことだった。社長ともなれば、いろいろな部門から膨大な情報が来るので、写しになっている書類まで目が届かないのは当然である。

そこで、「社長を宛先に入れましょう」と提案した。上司は写しのとき以上に乗り気でなかった。私は信念を曲げず、何回も言い続けた。一ヶ月後、上司がやっと折れて、議事録の宛先に社長名を加えることができた。それから三ヶ月ほど様子をみたが、まったく反応はなかった。これは、想定外であった。この間には、重要なトラブル案件があったので、社長が議事録に目を通していれば、何らかのコメントをしてくるだろうと期待していたのである。

次に考えたのは、技術担当常務からの「この問題は社長自ら解決して欲しい」という発言を議事録に書くことである。会議の議事進行役は私なので、可能性はある。そこへタイミングよく、社長の判断を求めるようなレベルのトラブル案件が出てきた。私は会議において、技術担当常務に「これは社長自ら判断いただいても良いテーマでないか？」と質問し、常務は「そうだ」と答えた。さらに、議事録に記載する旨について了解を得た。

さっそく、議事録の「行動計画」の内容に社長の項目を入れて作成し、社長宛に送付した。さすがに今度は反応があった。ただし、社長補佐からの電話で、「この議事録では意味が分からない。背景をもっと詳しく教えてほしい。社長用の説明資料を作ってほしい」等々の打診であった。

私は一切拒否した。技術担当常務が議事録を出すことを了解し、内容もその指示に従っているのに、社長補佐がスクリーニングをすべきではないと思う。社長補佐にそれをはっきり言い、疑問点があれば社長が直に技術担当常務に聞くべきである、と伝えた。

その後、社長から技術担当常務に指示があり、トラブルは迅速に解決された。私はこれでやっと「品質は社長の責任」を体現するプロセスになった、と満足した。上司および同僚も大いに評価してくれた。

なお、これには後日談がある。

一九九〇年、ＩＢＭの米国での売上状況が極めて悪くなってきたとき、日本ＩＢＭはまだ成績が良かった。米国ＩＢＭの副社長が、日本ＩＢＭに何か良いプログラムはないかと調査しに来た。その際、ＩＭＲのプログラムが、米国ＩＢＭ副社長の目にとまり、社長自ら品質管理にかかわっているという点で高い評価を受けた。

その結果、米国ＩＢＭでは開発・製造部門事業部まで参加したＣｕｓｔｏｍｅｒ　Ａｓｓｕｒａｎｃｅ　Ｐｒｏｃｅｓｓが構築され、その中核となったのがＡｒｅａ　ＩＭＲであり、名称もＩＭＲがそのまま利用された。

「品質は社長の責任」ではあるが、といっても会社全体を見ている社長の守備範囲は非常に広い。それを重点的に絞り込んでいくためには、問題意識を持った社員が、日々の仕事の中で自ら考え、効果的にエスカレーションを実践する必要がある。この事例で、私はエスカレーションの仕組みを作ったと思っている。当時、私は主任であったが、オープン・ドア・ポリシーの思想があるので、何の躊躇もなく邁進できた。

ＩＢＭは良いプログラムを持っていると思う。その真髄を理解し応用していけば、より良い効果が上がるものだ。昨今の品質管理関連の問題をみると、経営者と社員がお互い勝手な方向を見ており、顧客無視となる傾向が目につく。

# 第七章　人倫と人情

当事件に関連し、多数の懲罰対象者が出たことは既に述べたが、私にとって想定外だったのは、身近な二人がその対象となったことだ。

この二人は、共に私の上司であり、私は心の中に痛みを残さざるを得なかった。

記憶違いや推定部分があるため、事実と多少違う部分があった場合は、ご容赦いただきたい。

一人は営業管理のラインマネージャーをしていた、Ｐさんである。

年齢は私とほぼ同じで、性格は温厚であり、理論派ではあるが理屈にとらわれすぎて判断を誤るようなことはなかった。Ｐさんの下で、私は好きなように仕事をさせてもらった。上司として責任を取るべきときには、逃げるようなことなどなく、私を助けてくれた。海外のＩＢＭと折衝するとき、相手が理不尽な要求をしてきても、頑として受け入れず、上手に話をまとめていた。ともすれば、英語ができても相手に話をリードされてしまう社員が多い中で、堂々と交渉に臨める優秀な社員の一人であった。また、家族を大切にし、もし家に侵入者が来ても家族を守れるよう、朝早く公園で木刀の素振りをするような人だった。

そのＰさんが、当事件で会社を退社せざるを得なくなった。

Ｐさんが所属する営業管理部門は、営業部門で不祥事が発生した場合、現場の状況をいち早く調査・分析し、影響の規模を推定する。そして、原因分析、当面の対応策、再発防止策、不祥事を起こした社員の懲罰の案をまとめるのが仕事だ。

Ｐさんが退社をすることを知ったとき、私は最初、当事件が一段落し、懲罰者の処遇も決着がついたので、自分も気持ちをまとめるために、セカンドキャリアに進む道を選んだのかなと思っていた。人員整理を担った人事部長が、一段落すると自分も退社し、セカンドキャリアに進むことがよくある。Ｐさんの退社もそのような性質のものかと思ったのである。

ところが、昔の仲間が五名ほど集まり、Ｐさんへのささやかな送別会を開いたとき、それはまったく違うことが分かった。

Ｐさんは、会社から退職勧告を受けていたのだ。

ここからは、私の推定である。

今回の事件が大事になるに従い、日本ＩＢＭの不祥事解明のため、親会社であるアジア太平洋地区統括会社や米国ＩＢＭから、法務部門や弁護士が調査に乗り出してきた。彼らは、原則論やＥｖｉｄｅｎｃｅなどをベースに調査をする。

そして、営業部門の不正事前防止のミッションを持つ営業管理部門は、このような大規模な不祥事になるまで、一体何をしていたのか？　ひょっとしたら不祥事の状況を知りながら適切な手を打たなかったのではないか？　という疑いを持たれたのではないか。

二〇〇五年に入って、Ｐさんは短期間に四回の審問を受けた。そのうち一回は四時間にも及んだという。審問者は、アジア太平洋地区統括会社、米国ＩＢＭの法務部門責任者、弁護士合わせて三名、それに通訳者一名だった。

そこで問われたのは「なぜ不正を隠していたのか？」であり、Ｐさんが「隠していない、知らなかった」と答えても、「知らないことはありえない。なぜ隠したのか？」と問われるやり取りが延々とつづいたようだ。

当事件の舞台裏を知っている私としては、Ｐさんは知らなかったと確信を持って言える。しかし、Ｐさん本人がそれを実証するのが難しいこともわかる。Ｐさんの主張は認められず、さらに「今回のような不祥事の火種は過去にもあるはずだ。それに対し何故営業管理部門は事前の防止策を適切にとらなかったのか」という展開になったことは大いにあり得ると思う。

日本ＩＢＭの不祥事で、米国ＩＢＭの発表済み決算内容を修正するというケースは初めてであるように思う。当事件がそれだけ重大であったということだ。それだけに、審問は「疑わしきは罰せず」ではなく「疑わしきは罰せよ」という方針を選択したように思えてならない。

Pさんは二〇〇五年三月末に、人事担当取締役より依願退職するよう勧告を受けた。懲戒免職もありうる事をほのめかされたという。そのため、Pさんは誠に遺憾ながら三月末に退職ことを決断したようだ。Pさんはどこの会社に行っても能力を発揮できる実力者なので、間を置くことなく次の就職先を得ることができた。

もう一人懲罰を受けたのは、売上返上の英断をしたネットワーク事業部長のSさんだった。Sさんは自らと営業・営業部長の生活権を賭けて、四〇億円近くの売上を返上したのに何故、懲罰の対象となったのか。

Sさんは詳しく説明してくれないので、私なりの推定になる。売上返上の際、「ネットワーク事業部の営業としてＡｃｔｉｖｉｔｙがない中でクレジットさせていただくことは避けたい」という根拠を示した。この論法は営業・営業部長までを救済することになったと思う。他部門では営業・営業部長が数多く懲罰対象になったにも関わらず、当部門では一人として対象にならなかったからである。

しかし、会社としては役員待遇である事業部長に対し、「あなたは準経営者なのに、何故この問題をもっと深く考え、会社が損害を受けないよう、よく調べてエスカレーションをしなかったのか」と考えた可能性がある。

重責ある立場で、確たる証拠がないものを安易にエスカレーションできないことは明白であるが、Ｓさんは準経営層であるために、先に示したような過大な期待に基づき、報告義務の責任を取らされたのではないか。

Ｓさんは、短期の出勤停止および降格処分を受けた。その後、ネットワーク事業を浮上させるためのプランを立案し、腹心を事業部長に据える根回しをした後、事業部全員に惜しまれながら退社した。

もちろん、ＩＢＭの超優秀な人材なので次の就職先はすぐに確保できた。

私にとって一つの救いは、当事件で私のスピークアップを促す存在であったＱさんより、次のようなＥメールをいただいたことである。

「この記事によるとＩＢＭの不適切な売上計上は二七〇億円あり、例の他社機器の売上ではないかと推測しています。確かに、発表のとおり、架空売上ではないけれども、廻しの売上であることは間違いないのではないかと思います。

私が売上集計していてわかるようなことは、長続きしないし、麻薬のように額がだんだんと大きくなって、いずれは発覚することですね。

このことはＩＢＭがまだ健全であることの証明で、年金生活者としてはＩＢＭが健全なビジネスを展開して頑張っていてくれれば良いと思いますよ。

この件での処罰者はネットワーク事業部には及ばなかったでしょうね。

Ｓさんの判断は間違っていなかったと思います。

では、また、ご連絡します。」

これを読み、Ｑさんは、私のしたことは知らないはずだが、もし知ったとしたら、合格点はいただけたかなという気がした。

極めて身近なＰさんとＳさんが懲罰を受けたことで、何か行動を起こすということは、後々、自分の想定できない範囲に影響が広がって行くことがあることを思い知った。そして、私にはいまだに解決できない疑問が残っている。私の行動は、間違いなく人倫にかなっているとは思うが、果たして、ＰさんやＳさんが懲罰を受けることが想定できたら、人情の点において行動できただろうか。

# 中田均ライフキャリアインタビュー

## 「ＩＢＭが大好きだったから」

（聞き手：古川晶子）

## 入社前のイメージは

古川：このたびは、ご一緒に本を書かせていただき光栄です。本書の中心である、不正会計をめぐる中田さんのアクションは、非常に興味深いです。コンプライアンスについては、解説で甚川さんに読み解いていただくので、私はライフキャリアという切り口から、中田均さんの人物像に迫ってみたいと思います。

中田：よろしくおねがいします。

古川：ライフキャリアというのは「人生を構成する一連の出来事すべてがキャリアである」という考え方です。それにもとづいて、中田さんのご経験が、どんなふうに現在に結び付き、これからを拓いていくのか・・・そんなことを考えながらお話を聞かせていただきたく思います。

中田：なるほど。

古川：中田さんの文章には、ＩＢＭへの愛着が強く感じられます。それはどんなところからきているのか、とても気になっています。そこで、ＩＢＭに入社なさる前のことから聞かせてください。就職活動前は、どんなイメージを持っていましたか？

中田：高校一年生の時、知り合いの大学生のところにあった就職情報や会社案内を読ませてもらったことがありました。それで「これからはコンピュータの時代になる！」ということが、なぜだかピンときた。具体的にはよく知らないながらも「これからはコンピュータが世の中を変えていくのかな」と。その中でも、一九六〇年代当時、ＩＢＭは世界のコンピュータ市場の七〇パーセント八〇パーセントを占めていた、海外の企業ですから、光って見えました。

古川：海外の企業に惹かれたのですね。

中田：その頃は円が安くて、簡単に海外に行くなんてことはできなかった。我々の世代にとって、学生時代に海外に行って、機会があればどこか工場で実習なんてことは憧れだったわけですよ。そのなかでもアメリカはいちばん人気、さらにコンピュータの将来性を感じたというのが大きいです。そういう点では世を見る目があったと（笑）ロケットの弾道計算とか、統計業務とか、鉄鋼や電力のシステムなどに活用されるものですからね。一九六四年の東京オリンピックで、統計をコンピュータで管理したのはＩＢＭのシステムですよ。

古川：それは大きな実績ですね。

中田：有効性の芽生えが見えていた。機械というと単能的なものというイメージでしょう？　しかし、コンピュータは中のプログラムを変えれば様々なことができると、高校生で知識がないながら、イメージとして感じ取っていました。そして、コンピュータが使えるようにと、東京理科大に進み、経営工学を専攻しました。

古川：そこからまっすぐＩＢＭをめざしたのでしょうか？

中田：いやそれが（笑）そりゃ入れれば良いなと思いつつ、自分には難しいかなとも思っていたので、就職活動では他社も受けました。日本の電機メーカーも受けて、役員面接で高圧的な面接官を論破してしまって、こりゃ落ちたかなと思っていたら合格、なんてことも（笑）

古川：日本企業で勤めていたかもしれないということですね。

中田：結果的にはＩＢＭにも受かったので、そっちに行ったわけです。でも、どっちがよかったか・・・これから世界へ出ていこうとする日本のメーカーで幹部候補になるか、海外の大企業の現地法人の一員であるかは、けっこうな違いですよ。海外でバンバン仕事したいなら、日本企業に行くべきでした。もっと出世していたかもしれないし（笑）

古川：日本企業の方がよかったですか？

中田：いやいや・・・面接でのことを考えると、私は日本企業ではやっていけなかったかな。権力におもねらないという私の性格は変えられないところです。その点、ＩＢＭは社員の気質を無理に押さえつけたり、飼いならそうとしたりしないのがよかった。社内では役職に関わらずみんな「○○さん」と呼び合っています。

古川：入社後の印象も良かったのですね。

## 職業人として家庭人として

中田：入社後の配属は、希望通りの営業でした。ＩＢＭは「営業が会社の顔」という文化があり、やりがいがありました。お客様と直接やりとりをして、その内容から社内の様々な部門との調整をするので、自分がつくる信頼関係が、そのままビジネスに反映されていくのが面白かったですね。同期が一五〇〇人もいて、有名大学出身者が多かったですが、みんな対等に切磋琢磨していてね。

古川：勤務地はどちらでしたか？

中田：大阪です。入社の翌年に結婚して、妻には大阪についてきてもらいました。すぐに二人の子どもに恵まれましたが、長男に知的障害があることがわかり、妻の負担が非常に大きくなってしまいました。

古川：そんなご事情があったのですね。ショックを受けたでしょうか。

中田：私自身はそれほど動揺しなかったと思います。学生時代にサークルの討論で「もし自分の子に障害があったら」というテーマが出たことがありました。人によって「とても無理」「死にたくなる」などという発言がある中で、私は「どんなことがあっても、自分のところに生を受けたからには、親として育てる」

と言いました。なぜだかは自分でもわかりませんが、そういう考えをもともと持っていたようです。

古川：ご家族のケアと忙しいお勤めを、両立する生活だったのですね。

中田：私の事情を、当時の上司や会社が配慮してくれました。非常に感謝しています。三一歳で東京本社に戻り、三三歳の時に営業から企画職に異動させてもらって、子どものことに関われるようになりました。

古川：そういう経緯があったからこそ、不正が明らかになった際の、会社全体のダメージの大きさに思い至ったのかもしれませんね。

中田：そうですね。スピークアップ行動の後、私自身は退職しましたが、今でも、ＩＢＭはすばらしい会社だ、大好きだという思いは変わりません。

正義とビジネス

古川：本書の中心は、二七〇億円の不正会計ですが、最初に同僚の方と一緒に発見なさったのはもっと小さい額で、営業成績の報告におかしい点がある、というようなことでしたね。

中田：実は、この種のことは初めてではなかったのです。まだ営業の現場にいたころ、社内に「イモ判」という言葉がありました。実際に取引が成立する前に契約書と同じ書面を作成して、顧客名のところに市販の三文判を捺してしまうことです。もちろん不正です。しかし、業績評価の締め付けが厳しくなると、どうにかして数字を出したくて、やってしまうという者が多くいました。

古川：そんなことがあったのですか！

中田：私は「不正をしてまで数字を上げたくない」と公言していました。当時、所属していた営業部の一〇人のうち、そんなことを言っているのは私だけで、あとは多かれ少なかれやっていました。しかし、ここで面白いことがありました。不正に対して自分なりの考えがあり、ある意味で確信をもってやっている者が二人いて、彼らは「イモ判」をやってもそのすぐ後に本当に契約が成立するので、問題にならないのです。しかし、本当はやりたくないが・・・と恐る恐るやっている七人は、報告した売上がいつまでたっても現実のものにならず、結果的に問題になることもありました。

古川：どういうことでしょうか？

中田：確信をもってやっている二人は、ルール違反を犯しつつも状況判断が的確で、ぎりぎりのところをうまくすり抜けられます。それに対して七人は、自分で判断せず「みんながやっているから」という中途半端な認識で、見通しがないような場合でも売上報告を出してしまい、結果的に不正が不正のまま残るわけです。

古川：傍から見ると、不正をしたのは七人の方になってしまいますね。

中田：正義感の度合いでいえば、二人がいちばん薄くて、反対側に私がいて、七人はその中間だったはずですが・・・ビジネス上の判断と正義の違いがそこにあるということです。今、アメリカのトランプ大統領がとんでもない発言を数々して物議をかもしていますが、これまで彼がいたビジネスの世界では、あのような発言は、政治の世界のようには問題にならなかったのだろうと思います。

古川：いろいろな人が、それぞれの判断基準と思惑をもって動くのが、現実の社会ですね。善悪の線引きは単純ではないということでしょうか。

## 退職後あらたな道を求めて

古川：ＩＢＭを退職なさった後はどうなさっていましたか？

中田：政治に興味がありました。政治家になりたいのではなく、この社会の課題、たとえば「国の借金一千兆円」をどうするべきか、に取り組めるものなら取り組みたいと。まずは、地元の議員が開いていた勉強会に参加してみました。しかし、内容がどうも腑に落ちなかったところに、枝野幸男さんと出会って感銘を受け、当時の民主党の政治スクールに参加しました。

古川：その出会いとは、本書の第五章にある、講演会で声をかけたとき「先生と呼ばないでください」とおっしゃったというエピソードですね。

中田：そうです。そのときは、地元衆議院議員の秘書をボランティアで一年やってみました。しかし、すぐに政治家のあり方に限界を感じて離れました。困っている人は目の前にいるのに、すぐ手を差し伸べられないという点です。政治の世界を離れた後、ＮＰＯ法人を設立し、理事長をしています。

古川：市民活動の世界に入られたのですね。

中田：もともと、社会問題には関心がありましたが、若い頃は学生運動に参加するほどではありませんでした。デモを見学に行ったところで、タイミングが違えば逮捕されていたかも、という経験はありますが。そうしたら就職できなくて、別の人生だったでしょうね・・・それはともかく、権力におもねらないという姿勢は当時からありました。就職の面接で相手を論破してしまったくらいです。会社に入ってからも、主義主張を曲げたくない、そのためにはいつ辞めても困らない力をつけようと思っていました。仕事もそうですが、それだけの財政基盤を持っていたいと思って、それなりの努力もしました。

古川：財政基盤があるからこそ、退職後、ある程度のゆとりをもって勉強や活動ができたということですね。

中田：市民活動についてはあまり知りませんでしたが、知ってみると、政治に関わってみて感じた限界を突破する方法が、ここにあるのではないかと思いました。市民活動の世界の、目の前に困っている人や課題があるのだから、解決のために行動する、という考え方は私の性に合っています。

古川：ビジネスから政治を経て、ＮＰＯへという転身ですね。ＮＰＯの活動は、目標達成第一ではなく「できる人ができることを無理なくやる」という、ビジネスと真逆の世界ですが、違和感はありませんか？

中田：そこは適応できています。一方で、事業運営については違和感があります。NPOや福祉は儲からない、運営は助成金だのみで当然とする風潮がありますので、そこを変えたいと思っています。ボランティアが当たり前では事業が続きません。

古川：たしかにそうですね。

中田：私は、長男が入居する施設の保護者会役員を長年やって、会費を徴収しなくても困らないように運営してきた実績があります。NPO法人は役員報酬や利益配当をしないので、稼げる仕組みづくりができるはずだと思っています。

古川：NPOも財政的自立ができるはず、ということですね。

中田：そうです。儲けは事業の発展に使って、困っている人へ富の再配分をすれば良いのです。長く続けるため、次の世代につなぐためにも、稼げる仕組みは作っていきたいです。そうじゃないと、活動していても面白くないでしょう？　これからは若い世代に引き継いでいきたいので、そこはしっかりと堅い運営をしていきたい。

古川：堅い、というのは「堅実」ということですね。収入が得られる仕組みを作りつつも、NPOとしての本筋は守っていくということでしょうか。その中で、コンプライアンスはどのような役割を持つことになりますか。

中田：コンプライアンスは常に重要です。私が参加しているＮＰＯは、市民後見をテーマとしています。後見は、もともと親族や弁護士・司法書士などの専門職がやっていたことで、個人の生活・生命・財産に関わります。活動する我々は、たんに法令順守ということではない、人としての倫理に沿って活動していきたいと思っています。

# 解説　元・企業忍者の考察

風魔一党指南役　野人流忍術主宰　甚川浩志

## 企業忍者とは

私は「元・企業忍者」です。現在は風魔一党指南役　野人流忍術主宰として「風魔忍者」のブランディングや、忍術を通して日本文化を伝えるなどの事業を行っています。この事業は私が独自に構築したもので、前職で培った技術・経験を応用しています。その前職の一つが「企業忍者」です。

「企業忍者」を現代的に言うと、企業のリスクマネジメントに関するコンサルティングです。具体的は、不正防止の仕組みを作る、不正の背景を調査するといった仕事です。監査など対面での調査だけでなく、潜入や行動監視といった隠匿調査も業務に含まれていました。二〇代でこの世界に入りましたが、足を踏み入れた最初の日に「今日から君は忍者だ！」と先輩から言われたのが、私の忍者人生の始まりでした。

中田さんがＩＢＭという企業の中で、自社の不正に立ち向かったのに対し、私は外部の第三者として関わっていました。私の解説では、不正への対応を、「企業忍者」の視点からお話できればと思います。

## 外部の第三者の効用

不正通報窓口を外部の第三者とすることのメリットは、直接的な利害関係や個人的な感情という要素がないことです。不正行為についての事実を冷静に分析し、「客観的な真実」に近づき易いと思います。中田さんが「匿名性をより堅持するため、スピークアップコーディネーターは外部の法律事務所の弁護士にした方が良い」とおっしゃっています。

一方で、人情が働かない分、当事者には厳しすぎる判断と見えてしまうこともあります。「疑わしきは罰する」と取られるような傾向は否定できません。その結果、不正に関わったというレッテルを貼られた方の将来に、暗い影を落としてしまいかねません。中田さんも、親しい方が懲罰を受けたことを気に病んでいらっしゃいました。

しかし、外部の人間は調査のプロであり、被疑者に「心底同情する」、「助けようとする」といったことは、一切しません。人情としては最低かもしれませんが、情けや同情がバイアスとなって、真実を曇らせることは、プロとしてやってはならないのです。

「企業忍者」として、不正の被疑者や不穏分子と言われる人たちと、多く接してきましたが、ドラマや映画に出てくるような、あからさまな悪人は滅多にいません。どんな被疑者にも、そこに至る悲しい背景や辛い過去があります。その深い闇に関わるのは、容易いことではなく、相当な覚悟が必要です。本気で関わろうとすると、本来の仕事など出来なくなってしまいます。

不正のような、心の闇に関わる仕事は、精神的な重労働です。自社内の人材でこれに対応しようとすると、その人材の心のリスクが増大します。しかも、不正対応は、直接売上・利益を生み出す前向きな企業活動とは違って後ろ向きのイメージが強いため、同僚や上司から厳しい目を向けられることすらあります。中田さんも相当なご苦労があったことと推察します。

ただ一点、あらためて確認しておきたいのは、社内の不正に光を当て、しっかりと向かい合う仕事は、決して後ろ向きではなく、企業の健全な成長に無くてはならない業務であること記しておきます。

　これから不正防止のマネジメントに取り組むと言う企業経営者や担当者の方が、もし本書を手に取ってくださっていたら、外部の専門家の力を借りて体制を構築することをお勧めしたいです。

## 「マネジメント」の功罪

不正事件を究明すれば、そこから教訓が得られます。本書では第五章の内容がそれにあたります。それをもとに行うべきことは、不正防止の対策です。当事件は「虚偽報告」という不正ですが、それ以外のものも含め、不正行為一般について考えてみましょう。

不正を防止するためには、それをさせないためのルールやセキュリティを構築します。次に、それをチェックする仕組みや体制づくりも重要です。現代マネジメントの基本は何事にも「ルールを作る→体制と仕組みを作る→PDCAを回す」であると思います。マネジメントの目的は、仕事の効率化、業績の向上、管理の厳格化、品質の維持、不正の防止などです。

しかし、セキュリティの壁を高くし、精緻な仕組みや体制を作るほど、業務が煩雑化します。また、その壁を超えようと、不正も巧妙化します。能力の高い人ほど、巧みに壁を乗り越えて、より企業にとってダメージの大きな不正に走ってしまう。イタチごっこです。

マネジメントの仕組みは大切ですが、それによって業務が煩雑化し、働く人の重荷になってしまうようでは本末転倒です。現代マネジメントでは、形式を整えることで完結し、現場の視点が欠落しまう例が多く見受けられます。第四章には「マトリックス組織」「パイプライン管理」という言葉が出てきました。これらは有効に機能すれば、業務を抜け漏れなく、複数のチェックが入る形で進めることができる有効な手法です。しかし、古川さんの解説にあるように、これを行うための業務が増えて、働く人の負担を増やしてしまうと言うことがままあります。

毎年、新たな「〇〇マネジメント」が登場し、それを導入することが最先端の証のように喧伝されますが、本当にそうでしょうか。私たちはマネジメントの本質に立ち返る必要がありそうです。

ＩＢＭは、このようなマネジメントをＩＴで支えるソリューション企業であり、最先端を生み出す側にいます。これまで提供し続けてきたソリューションを自ら見直し、「仕事を楽にする」、「働き甲斐を創出する」といった視点を見失わない、次なる最先端が生み出されることを期待しています。

## 「基本は人」である！

不正を防止するために、ルールや仕組みを構築するという、形だけのマネジメントが根本的な解決策になりません。悪事に対する壁や鍵を作っただけでは、無限のイタチゴッコが待っています。中田さんがおっしゃっている「基本は人である」というメッセージに、激しく同意いたします。

世の中には絶対的な悪はありません。そもそも、悪と善の明確な境界など存在しないのです。また「常識」や「普通」という基準は非常に曖昧なものです。世の中に様々なルールがあります。「人を殺してはいけない」「他人のものを盗んではいけない」というルールは基準が分かり易いのですが、「他人の土地に無断で侵入してはならない」、「お金を拾ったら届けなければならない」「運転中は制限速度を守らなければならない」といったルールについて、これらを厳密に「破ったことがない」と言える人はどれだけいるでしょうか？　そして、如何に軽微なものであっても「ルール違反は絶対に許してはいけない！」と確実に取り締まられるような世の中になったら、そこに住む人々は本当に幸せでしょうか？

不正防止において「基本は人」を実践するには、人材育成が重要です。教育というと知識を注入することだけに集中しがちですが、ルールを知り、それを守るように教えるだけならば、単なる知識の提供です。

知識を活用するには知性が必要です。重要なのは「何故このルールが存在するのか？」「どういうことを想定し、何から誰を守るためのものなのか？」です。法律の世界ではこのようなことを「法源」と言います。これを学び、ルールの境界線が曖昧な事例について、どのように対応するかを自ら考える練習をする。このようなことが出来て、初めて知性が育っていきます。

余談ですが、最近では、法執行関連の仕事をしている人でも「法源」の概念を理解していない人が増えているように思います。

不正防止の世界で語られる「不正発生のダイヤモンド」という概念があります。不正が起きる要因を分析したとき、次の三つが揃っているというものです。

一・機会

不正が物理的に可能でしかもバレない、セキュリティが甘い状態。

二．動機
精神的なプレッシャーがある、金銭に困っているなど。
三．正当性
「みんなやっている」「会社も不当なことをやっている」など、不正を正当化する理屈がある。

これは、不正を分析した結果ですが、逆に言うと、このような条件が揃ってしまうと、誰でも不正に手を染めてしまう可能性があるのです。このような考え方を、「性善説」でも「性悪説」でもない「性弱説」（ひとは条件が揃ってしまうと不正に走ってしまう弱い生き物なのだという考え方）と言います。

当事件の虚偽報告の要因には、目標設定のプレッシャーがあります。ＩＢＭ本社から日本ＩＢＭに、非常に厳しい売上目標が課せられました。日本ＩＢＭではそれに応えるため、社内の各部門に、ひいては営業担当者に、それぞれ厳しい目標が設定されることになりました。

売上返上の後に同僚から「コミッションで給料をもらっていない社員は気楽だ」と

いう言葉がありました。成果と生活が直結する仕組みが導入されていると、正論よりも感情が個人の行動を左右してしまいます。

人の心は、知識・感情・意思の総体であると言われます。「基本は人」を肝に銘じ、人の心を総合的に考えた教育や体制づくりをしたいものですね。

## 経営理念と社風

長年の経験から、経営理念と社風は、不正を防止するために重要な要素だと思います。企業が目指すところと現実の社風が一致していることが、最も根本的な不正防止対策に繋がります。すなわち、組織の価値観と個人の価値観が、方向性として一致しているということです。そういう意識を持たない従業員がいくら集まっても、烏合の衆でしかありません。そこから生まれる澱んだ空気が、不正を誘発するのではないでしょうか。

ＩＢＭの基本理念「Ｔｈｉｎｋ」という「簡潔だが分かり難い」言葉については、良く考えられたな！と感心します。この世の中で人として生きて行きためには、ビジネスパーソンとして社会に何かを問いかけ行くためには、自分の頭で考える力が必須だと思います。ロボットやＡＩの発展がめざましい昨今、ほとんどのことは、機械やコンピュータがやってくれる時代になっていきます。常識や慣習、時代の空気に乗っているだけでは「Ｔｈｉｎｋ」したことにならない。ＩＢＭの社員でなくても、仕事をする人にとって、根本的な価値観を教えてくれる一言です。

問題は、この基本的な価値観について、中田さんのように真剣に考え向き合う人が社内にどれくらいいるか、ということです。経営理念やビジョンとして掲げられた文言を覚えているかどうかではなく、それについて自分の頭で考え、日々の行動に活かすことこそが大切でしょう。

調査やコンサルティングを生業にしていた頃、いろいろな会社に出入りさせていただくことがありました。会社というのは不思議なモノで、入った瞬間、その組織の状態に察しが付きました。従業員の服装や目つき、表情、身体の動きや声の出し方、モノの配置や流れ・整備状況、５Ｓの状況などなど・・、判断要素は無数にあります。そういうものを「社風」と言うのでしょうが、人間は不思議と、そういうものを総合的に捉え、認識してしまうようです。

入った瞬間に或る程度察しがついたら、それをもとに幾つかのシナリオに落とし、順に証拠と照らし併せて検証して行という方法で分析業務を組み立てていました。察しと言うと、カンに頼っているように見えるかもしれませんが、専門用語でいうと「ヒューリスティクス」と言って、情報分析（インテリジェンス）を生業にするものにとっては、大切な能力なのです。「ヒューリスティック」を磨き、「ロジック」と結び付け、「インテリジェンス」を生み出す。こうした一連の知的作業を言葉にすると「Ｔｈｉｎｋ」ですね。そう考えると、この理念は情報を扱う人や組織にとって根本を成すものです。

ＩＢＭは情報を扱う企業であり、こうした組織の根本を成す「Ｔｈｉｎｋ」を理念に掲げ、それを社風に落とし込む。この禅問答のような難しい課題に真剣に向き合うことは、価値のあることだったと思います。

## 組織の中の人材

不正が一時的なものでなく、慣行として蔓延しているようなときに、それに対して組織内の人々はどのような立ち位置をとるか？　中田さんの考察は次のようなものです。

許容する　二〇パーセント
無関心　四〇パーセント
いけないことだと思いつつ行動しない　三〇パーセント
何らかの行動をする　一〇パーセント
（実際にコンプライアンスを追求して行動する　一パーセントを含む）

どんな組織・集団でも、流れを変えるキーパーソンは、一握りの人だということです。しかし、世の中に「多数決」を正当化する風潮もあって、少数派は軽視されがちです。

マーケティングの世界の話ですが、イノベーター理論と言うものがあります。新しい概念の商品やサービスが普及する過程において、その社会を構成するメンバーを分類する理論で、米国の社会学者E・ロジャースが提唱したものです。

イノベーター＝革新者（二・五パーセント）
アーリーアダプター＝初期採用者（一三・五パーセント）
アーリーマジョリティ＝初期追随者（三四パーセント）
レイトマジョリティ＝後期追随者（三四パーセント）
ラガード＝遅滞者（一六パーセント）

これは、市場における採用（購入態度）に関する理論ですが、人の心の動きを示すと言う意味では、組織内の働き手に新しい考え方や概念が普及するときの構造と同じではないでしょうか。中田さんが言われる「オッドマン」は、ここで言うイノベーターに近い存在だと思います。

イノベーター理論では、市場を継続発展させる為には、アーリーアダプター獲得に加え、「普及率一六パーセント」を突破することが大切だと言われています（キャズム理論)。

リスクマネジメントに強い組織を作る第一歩として、イノベーターに注目する経営者の視点が大切だと思います。経営者とイノベーターが相いれないこともありますが、そこをいかに受容するかが経営者の器の見せどころかもしれません。

さらに、組織内に不正防止を定着させるためには、アーリーアダプター及びアーリーマジョリティに対する啓発の道筋を考えたいところです。具体的には教育ですが、いきなり全社員に向けて発信しても、なかなか受け入れられないでしょう。

だからといって敬遠していては、進歩がありません。イノベーターを受け入れ、上手く活用できる風土を醸成することが大切です。

## 企業行動基準の浸透

本書では、コンプライアンスを推進する具体的な方法として、ＩＢＭの「企業行動基準（ビジネス・コンダクト・ガイドライン）」が紹介されています。内容については、良く練られたものであり、もし読者がこの種の基準を整備するような立場の方であれば、参考になさると良いと思います。

運用にあたって、社員が必ず熟読し同意の署名をすることや、年に少なくとも一回の研修が行われることなどに触れられていますが、さらにいろいろな工夫があるのではないかと想像します。

ＩＢＭの「企業行動基準」の「はじめに」で、非常に共感できる部分があります。
「私たちの価値観は全ての場面で明らかな答えを与えてくれるものではありませんが、行動にあたり何故その選択をするのかについて明確な理由を与えてくれるもの、あるいは与えてくれるべきものです。」
「どのようなガイドラインであれ、あらゆる事態に適用する絶対的かつ決定的なものとみなすべきではありません。」

ＩＢＭの「企業行動基準」の冒頭に、こうしたことが書かれているのは、基本理念である「Ｔｈｉｎｋ」とも関わっているのではないでしょうか。全てに明確な答えが用意されているのではなく、自分で考えることを大切にする。その判断をする為の価値観を共有できる風土を醸成するためには、抽象的な価値観と具体的な事例を何度も往復して考える練習などの工夫があるのではと思います。

このようなやり方は、マニュアル教育を受けてきた人たちが苦手とするところです。マニュアル教育によって雁字搦めにされると、現実に対応する力を失ってしまいます。例外や曖昧さが悪であるかのような思考パターンでは、想定外の事態に対応できません。

コンプライアンスは「法令順守」と訳されますが、本来はそんなに狭い意味ではないのだと思います。「真摯さ（インテグリティ）」を組織風土に浸透させる作業であり、企業行動基準に掲げられた項目を通して、それを実現して行く仕掛けなのでしょう。

大切なのは、法律を全て知ることではなく、その精神や目的をしっかり捉えておくことです。もちろん、知識も持っているに越したことはありませんが。

価値観は「Ｔｈｉｎｋ」のような抽象的な文言で表されることが多いです。抽象的な文言は、シンプルで認識しやすく、自分で考える余地があるので、自発性を引き出す事ができます。

その一方で、解釈の幅が大きくなりすぎることで、統制が効かなくなることもあります。しかし、なんでもルール化して細かい規定を並び立ててしまうと、煩雑になり共有が難しくなるだけでなく、自分で考える力を失わせてしまいます。

抽象的な文言の理解と、問題に対応する経験の積み重ねで「企業行動基準」が定着し、コンプライアンスを推進する風土の醸成に繋がります。中小企業では、研修を十分に実施できる体力や余裕がない！というところもあるでしょう。その場合は、研修とは違うやり方もあるはずです。そこは是非「Ｔｈｉｎｋ」していただければと思います。

## 日本という舞台で

私は過去、いろいろなクライアント企業のマネジメントの導入にかかわってきました。その過程で、限界や矛盾を感じるところが多く、また激動する現代において、何かこれまでとは違ったやり方をしなければならない！　と感じていました。
そこで出した一つの答えが、「日本文化の活用」でした。

コンサルタントを雇う企業は、何らかの業務改革を目指しています。コンサルタントが提供するサービスには、次のようなものがあります。

・規定やルールといったドキュメントの作成
・組織の改編改革のご提案
・業務フロー改善などの仕組みの改革
・上記を実現するためのハード・ソフトの導入支援

でも、これだけでは、入れ物を作ったに過ぎません。「仏作って魂入れず」です。
私はあるとき、日本企業が培ってきた魂の入れ方に、非常に優れたものがあることに気づきました。そのためか、日本という舞台は、世界で発展する企業が、変革を起こすきっかけを作っていることが多いと思います。中田さんが関わった、日本ＩＢＭの不正事件も、ＩＢＭが世界でさらに発展して行く為の絶好のステップになったのではないでしょうか。

今世紀に入ってから、ビジネス界で注目されたキーワードをみていると、「日本的」なものに回帰しているように感じます。たとえば、「ＣＳＲ」は「三方良し」、「マインドフルネス」は「瞑想」、「シェアリングビジネス」は「和の精神」と言い換えることができます。

競争や合理化が成長の礎であったこれまでの世界は、その行き詰まりを感じ始め、新たな価値観を探っています。その中で、日本が果たす役割を考えるとき、日本という舞台をどのように世界の人々に活用していただくか、ではないでしょうか？

本書の解説をさせていただいて、今、漠然とこんなことを感じています。これから具体的に何をして行くのか、皆様と共に「Ｔｈｉｎｋ」できると幸いです。

# おわりに

「会社は誰のものですか？」

十年ほど前、このような問いを投げかけられたことがあります。キャリア支援に関わる者として、中小企業での採用をテーマとした勉強会に登壇させていただきました。その打ち上げの席でのことです。当然、相手は中小企業の経営者の方でした。

「経営者と、社員のもの、ではないでしょうか？」

私はこう答えました。中小企業では、経営のプラス面もマイナス面も経営者が一身に担っています。従業員は、それぞれ業務内容と働き方に応じた賃金や待遇を受けます。したがって、この問いの答えはおのずから明らかだ、とその時の私は思っていました。


それから十年たって、世の中の雇用をめぐる動きや、それに翻弄される働き手のあり方がどんどん変化していくのを見ると、この問いはもっと深い意味を持っていると感じます。

人は、生涯を通じて様々な経験を積み重ね、そこからアイデンティティや社会とのつながりを獲得していきます。なかでも、職業が果たす役割は非常に大きいと言えます。会社に属している方は、社内での職務経験を通じて職業人としてのアイデンティティを確立し、会社を通じて社会とつながっています。

一方で、いわゆる「非正規雇用」の方たちを中心に、職業人としてのアイデンティティや社会とのつながりは多様化しています。しかし、どんなあり方も、現在生きている社会という土台の上に立っていることには変わりありません。各自が幸福を追求する過程で、他者を侵害してはならない、ということは動かせません。

この考えに立って、最初の問い「会社は誰のものですか？」を見直すと、答えが変わってくるように思います。規模の大小によらず、会社は社会の一部として機能しています。企業活動において、競争は当然あるのですが、他者を侵害することは許されません。もしそのような事態になれば、社内外、業界、あるいは社会の中での自社の位置づけ、信用、構成員の働く意欲とチームワークなどに悪影響を及ぼします。

「会社は経営者と社員のものですが、同時に社会のものでもあります」

今の私はそう答えます。その観点から会社を支える重要な柱として機能するのが、本書のテーマであるコンプライアンスです。

本書は、元ＩＢＭ社員の中田均さんが自らの経験を記されたものを土台としています。中田さんは、新聞報道などによって客観的に事実を述べながらも、その一方で、職場を愛する一人の働き手として、関わる方々の顔が見えるような表現も盛り込んでいます。また、事件の背景や経緯の分析も行われ、大企業のコンプライアンス違反防止をテーマとしたルポルタージュとなっています。

中田さんは当初、事件後すぐに公開するために執筆し、しかるべき方に、記載内容について確認するなど、しっかりと準備なさったということです。しかし、当時は関係者が多く在籍中で、内容が生々しすぎため出版を見送った経緯があります。その後十年ほど、原稿は中田さんの手元で眠っていました。しかし、昨今の大企業の不祥事や、さらには政府高官が公文書改竄に関わる事件などを見て「やはり世に問いたい」という気持ちを持つようになったそうです。

本書に記述された、不正が起きる危険性についての本質は、十年経っても変わっていません。経済環境の変化や、その荒波に翻弄される人の心情を思えば、危険性はさらに増しているかもしれません。ご自分の経験を、様々な現場で不正防止のために活用してほしい、という中田さんの志は、非常に意義あるものと感じています。共著のお声かけをいただいたことを、たいへん光栄に思っています。

また、解説をいただいた甚川浩志さんは、企業の不正調査に携わってこられた「企業忍者」です。現在は、思うところあって東京郊外で「野忍庵」という拠点を構え、「職業忍者」として活躍なさっています。専門家の立場で、当事件によって得られる学びを、働く人々がどのように活かしていけば良いかを示唆してくださいました。甚川さんの力で、本書の内容がいっそう厚みのあるものとなっています。あわせてお読みいただければ幸いです。

古川晶子

# 主な参考文献


**書籍**

『ＩＢＭお客様の成功に全力を尽くす経営』北城恪太郎／編著、大歳卓麻／編著（ダイヤモンド社、２００６）

『コミットメント　熱意とモラールの経営』ＤＩＡＭＯＮＤハーバード・ビジネス・レビュー編集部／編訳　（ダイヤモンド社、２００７）

**ＷＥＢメディア**

『イノベートアメリカ・米国の次世代技術戦略　Ｐａｒｔ２：パルミサーノレポート概要』（ＣＮＥＴ　Ｊａｐａｎ　ブログ　坂本健太郎のＩＴ業界マーケティング活用術２００５年１０月０２日）

『名門ＩＢＭを襲ったインサイダー取引事件　なぜ彼は彼女にリークしたのか』（マイナビニュース企業動向２００９年１１月０６日）

『「若気の至り」がＩＢＭの変革を加速？　パルミサーノ会長が自身に投げ掛けた「５つの問い」』（ＩＴｍｅｄｉａ　エンタープライズ２０１２年０９月１３日）

**中田　均（なかだ ひとし）**
日本ＩＢＭに３６年間勤務。その後、衆議院議員のボランティア秘書を経て、２０１１年にＮＰＯ法人市民後見センターさいたまを設立し、理事長に就任（現在は認定ＮＰＯ法人）。「住み慣れた地域で安心して暮らす」をテーマに、生活サポート等の事業を展開する。首都圏市民後見推進協議会会長。
http://kouken-saitama.org/

**古川晶子（ふるかわ あきこ）**
２０１３年より一般社団法人さいたまキャリア教育センター代表。生涯学習の観点から、大人のキャリア教育をすすめる活動を行う。著書『キャリアカウンセラーという生き方「人生の節目」を乗り越える人を支える仕事』（セルバ出版）。
http://s-ce.shigoto.bz/

**甚川浩志（じんかわ ひろし）**
企業の不正調査・監査やリスクマネジメント支援の経験豊富。東日本大震災を機に、日本文化の中心概念である「一元論」に基づいた「和」と「共生」の思考をベースとして、「野忍庵」を設立。著書『職業は忍者　激動の現代を生き抜く術、日本にあり！』（新評論）。
https://www.yajin-ninja.jp/

イラスト：**cocoaro**

スピークアップ
―日本 IBM 不正会計二七〇億円「事件」回避の記録―

2018 年 12 月 26 日　初版発行

| | |
|---|---|
| 編　著 | 中田均＋古川晶子 |
| 解　説 | 甚川浩志 |
| 定　価 | 本体価格 1,800 円＋税 |
| 発行所 | 株式会社　三恵社<br>〒462-0056 愛知県名古屋市北区中丸町 2-24-1<br>TEL 052-915-5211　FAX 052-915-5019<br>URL http://www.sankeisha.com |


ISBN 978-4-86487-976-7 C2034 1800E